全彩手繪圖解版・輕鬆學

要有好孩子，先從好父母開始！

兒童心理學，
先懂孩子再懂教。

速溶綜合研究所
施臻彥◎著

八方出版

人物介紹

速溶綜合研究所心理研究室

隸屬於速溶綜合研究所，研究室致力於研究職場、家庭與社會等方面的各種問題，是提出有效解決方案的研究機構。在梅第奇博士的帶領下，研究員們已經找到了多項問題的解決方法，並有效地幫助了許多前來進行心理諮詢的患者。

梅第奇博士

速溶綜合研究所心理研究室室長

畢業於義大利都靈大學心理學院，心理學博士，專供社會心理學和臨床心理學，具有心理諮商師資格。喜歡做實驗，習慣帶著寵物貓凱薩一起去研究所上班。雖然他看起來嚴肅，但脾氣溫和謙遜。

科西莫（博士的得力助手）

速溶綜合研究所心理研究室護士

性格活潑又有頭腦，個子小，卻很愛關心身邊的人，能帶給別人如沐春風的親切感。曾經在大型醫院當護士，現在研究室任職。

凱薩貓（博士的得力助手）

博士在研究室養的寵物

喜歡吃魚，偶爾賣萌，看起來是一隻普通的中華田園貓，其實是一個有智慧的未來生物。一直想有個「女朋友」，可是博士好像並不知道。

小希

專業心理學本科畢業生

　　性格爽朗，做事雷厲風行，給人女強人的外表，但是內心火熱，富有正義感，說一不二。

妮妮

小希的好閨密

　　目前就職於某國際外貿公司，擔任主管，性格強硬，對工作極其認真負責。

小卷

專業心理學本科畢業生

　　性格沉穩，樂於助人。平時喜歡泡在圖書館看研究專著，實習時喜歡與博士討論，並能碰撞出靈感的火花。

小德

小卷從小到大的好哥們兒

　　陽光帥氣有活力，喜歡游泳、健身，有著吃不胖的體質。

小曾

妮妮的業務夥伴

　　是個大老闆。雖然看起來很平凡，實際上做生意很有頭腦。

思思

小希的學妹

　　萌妹子一個。開朗活潑，喜歡一切看起來萌萌的事物。

目錄 CONTENTS

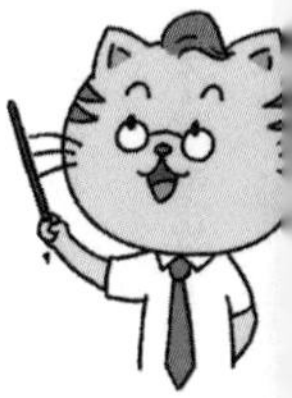

第1章 帶娃父母的心理

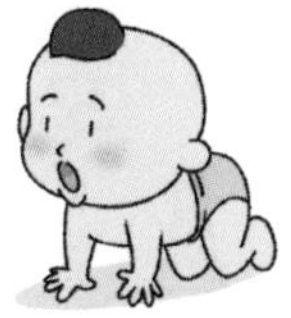

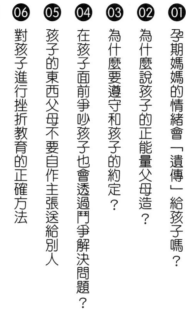

第2章 幫媽媽解決孩子的飲食煩惱

第3章 幫媽媽解決帶孩子出門的不安

第4章 幫媽媽解決對孩子性格培養的擔憂

第5章 幫媽媽解決對孩子行為舉止的擔心

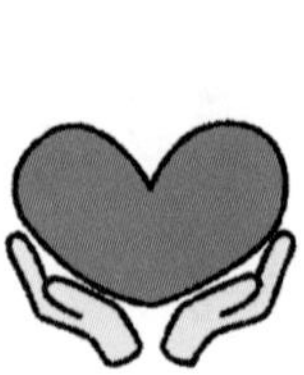

第6章 幫媽媽解決對孩子學習問題的擔憂

第7章 幫媽媽解決關於「第二個孩子」的顧慮

第1章

帶娃父母的心理

經歷了9個多月的等待，終於迎來了小寶寶的誕生。
在想著接下來如何養育這個小傢伙之前，
我們首先要做的就是調整好自己的心態，
進入爸爸媽媽的角色中。

孕期媽媽的情緒會「遺傳」給孩子嗎？

老人家總說，多看漂亮娃娃的照片，以後就能生一個高顏值的寶寶，雖然這只是老一輩人的一種說法。但是，孕期媽媽欣賞漂亮娃娃的圖片，讓心情愉悅，能生出一個更健康的孩子，這是被科學證實的。

什麼是孕期情緒

心理學認為情緒沒有好壞，只有正面情緒（比如高興、喜歡等）和負面情緒（比如害怕、生氣等）。情緒是人類的心理活動之一。各種情緒的出現都有憑有據，一個普通的人尚且有各種各樣的情緒，更何況是正在孕育新生命的孕媽媽。而孕期媽媽的情緒給腹中胎兒帶來的影響也是有好有壞的。

孕媽媽和腹中胎兒緊緊相連，孩子不但從媽媽那裡獲取營養和氧氣，對媽媽的情緒和思緒也一樣感同身受。當媽媽感到開心和輕鬆時，體內分泌的開心成分，如內啡肽（Endorphin，又稱安多

不同孕期情緒對母體和胎兒的影響

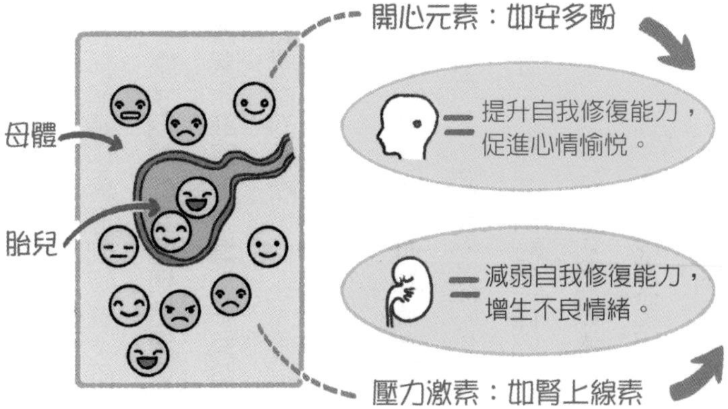
開心元素：如安多酚
母體
胎兒
提升自我修復能力，
促進心情愉悅。
減弱自我修復能力，
增生不良情緒。
壓力激素：如腎上線素

酚），會讓腹中寶寶的神經系統更愉快地發展。相反，當媽媽在焦慮傷心時，該種情緒也會分泌壓力成分，如腎上腺素（Adrenaline），並透過血流經過胎盤帶給子宮內的寶寶。

壞情緒對胎兒的影響

懷孕期間孕媽媽們受到的壓力會對後代的腦神經系統發展有長遠的影響。如果媽媽在懷孕期間出現焦慮、抑鬱等負面情緒，那麼孩子出生後會更有可能出現情緒問題。並且，媽媽的極端負面情緒甚至會造成嬰兒大腦結構和大腦功能的改變。孕媽媽的不良情緒和情緒失常會改變孩子大腦中的杏仁核（Amygdala）結構（主要負責控制情緒和壓力），造成杏仁核結構連結上出現問題，那麼孩子將來在處理壓力和情緒時也會遇到障礙。不僅如此，懷孕期間的負面情緒還會造成孕激素水準降低，增加胎兒發育不良和早產的風險。

心理學家們甚至發現孕媽媽的焦慮情緒會改變孩子的糖類皮質激素受體（Glucocorticoid receptor，幫助我們在面對壓力時調節體內的荷爾蒙）的結構。糖類皮質激素受體的改變，會讓孩子在成長過程中對壓力更敏感，也就是說不管從神經上還是從基因上，孩子都會更容

壞情緒對胎兒的影響

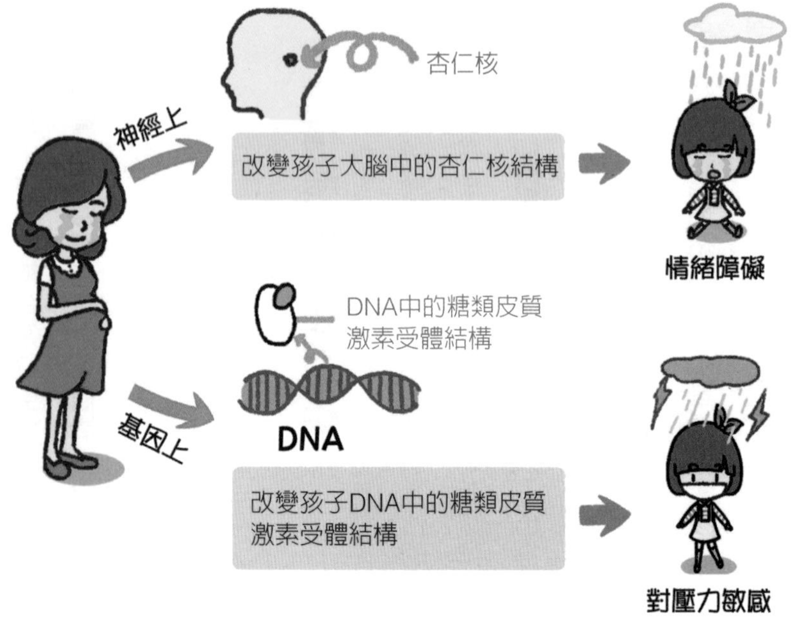
杏仁核
神經上
改變孩子大腦中的杏仁核結構
情緒障礙
DNA中的糖類皮質
激素受體結構
DNA
基因上
改變孩子DNA中的糖類皮質
激素受體結構
對壓力敏感

易感受到外界壓力，出現情緒問題。

壞情緒對媽媽的影響

懷孕期間的焦慮情緒不但會對孩子造成直接傷害，還容易使新媽媽成為產後憂鬱症的受害者。大部分的產後憂鬱會在短期內恢復正常，但是產後憂鬱的危害卻不會輕易消失。

有憂鬱症的媽媽不愛和孩子面對面的交流，也不熱衷於與寶寶對話、微笑、玩遊戲等，而這些行為恰恰是嬰兒學會交流技能的關鍵。

依戀安全感

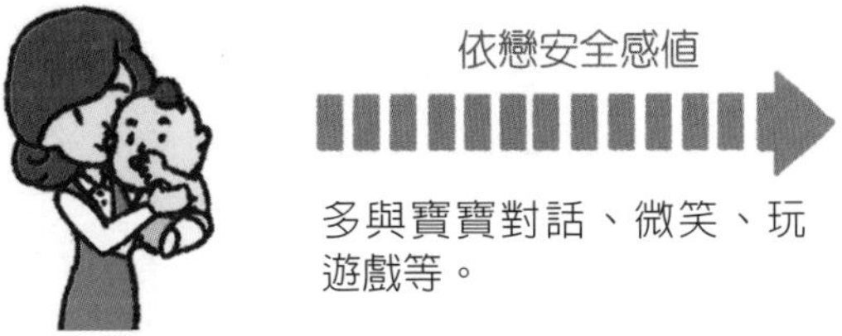

多與寶寶對話、微笑、玩遊戲等。

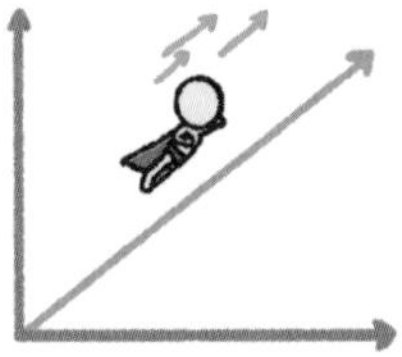

對撫養孩子產生牴觸，甚至對孩子的評價負面。

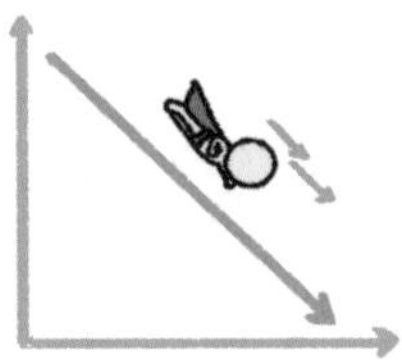

研究還發現，心理治療並不能改善這種現象。經過治療後的憂鬱症媽媽，依然會在日後撫養孩子的過程中產生牴觸情緒，在教養孩子過程中壓力更大。甚至，她們對自己孩子的評價會更加負面，對孩子的依戀安全感更低，還更容易對孩子發脾氣。而這些行為都會讓孩子向不健康的方向越走越近。

媽媽在懷孕期間感受到的壓力和產後的憂鬱情緒都會對寶寶造成各方面的影響。如果孩子在子宮內和在出生後都受到媽媽負面情緒的雙重傷害，那麼寶寶要想成長為心理健康、樂觀開朗的孩子就較為困難。那麼，是什麼影響了孕媽媽在懷孕期間的情緒呢？

影響孕期情緒的因素

眾所周知，孕媽媽體內的荷爾蒙在受孕的那一刻就開始了變化。它們影響了孕媽媽們的體型、皮膚、骨骼，也很大程度上左右著孕媽媽們的心理。每個媽媽在懷孕期間的情緒變化不盡相同，有的變得更易怒，有的變得更容易傷感，有的則變得更敏感，總之各種的玻璃心。

情緒作為一種社會表達，不單是生理反應，也是個人對外界事物的主觀感受。因此，**不僅僅孕媽媽們體內的激素操控著她們的心理，周遭的環境也是促使孕媽媽們變得情緒化的導火線。**

十月懷胎，孕媽媽們的生活和工作免不了會發生一些「改變」，例如工作上的大變動、婚姻問題、家庭糾紛或者搬家等較大的變動都能直接導致孕媽媽的情緒出現問題。如果孕媽媽的情緒在孕期十分容易受到影響的話，又如何去改善這種情況呢？

如何幫助孕媽媽改善孕中情緒

正因為孕媽媽在懷孕期間受到生理及環境等因素對情緒的多重影響，所以當生活或工作發生變化時，家人和朋友對孕媽媽們提供的支援是至關重要的。在心理學中這類支持叫作社會支持（Social Support），足夠的社會支持可以幫助孕媽媽們緩解情緒，相反地，沒有足夠的社會支持，就會把孕媽媽們推下情緒深淵。

這裡的社會支持包括：

三個社會支持

1 訊息支持

當孕媽媽不知道怎麼購置嬰幼兒產品時，向她們提供建議和指導。

2 工具支持

當孕媽媽在經濟上遇到困難時，給她們提供實際的幫助。
如：物質支援。

3 感情支持

當孕媽媽傷心時，親戚朋友及時表達關心和尊重，安撫孕媽媽的情緒。

做為孕媽媽們的家人和朋友，除了對孕媽媽生活起居上的照顧外，還要密切關注孕媽媽們不良情緒的出現，及時幫忙疏導，讓孕媽媽們有一個快樂開心的孕期，和家人一起期待新生命的到來。

結語

● 雖說情緒是一種突發反應，持續時間很短。但由於孕期的特殊性，孕媽媽們的負面情緒往往像漣漪一般帶來一系列後續問題。而孕媽媽也要多與家人朋友溝通，及時發洩心中的不良情緒，就能很好地抵抗不良情緒對自身和胎兒的影響。

02 為什麼說孩子的正能量父母造？

同是半杯水，悲觀者說：「怎麼只有半杯了？」而樂觀者說：「還有半杯呢！」

這種對比鮮明的看法，想必大家一定都不會陌生。而現在網路上的流行用語「正能量」其實就是我們一般常說的樂觀性格。樂觀性格的人總是能看到事情明亮的一面，他們不但能更積極地處理身邊的各種情況，同時也能感染周圍的朋友。在這個快節奏、高壓力的社會，哪個父母不想自己的孩子在取得成就的同時，還能擁有快樂生活的正能量心境呢？

正能量來自哪裡？

積極樂觀的態度是性格使然。那麼性格又是什麼？心理學認為：性格是我們思考、感受、行為的一種模式，也是我們面對人、問題或者壓力的一種反應。所以，每個人的性格都是動態發展的，也是獨特展現的。關於性格的形成，在心理學中有不同的理論，每種理論有著自己的側重點，但是，現在能夠達成一致的是，性格的形成主要來源於先天（遺傳）和後天（環境）。一個正能量滿滿的孩子是父母在生育時給予的，更是父母在教養中形成的。

第一因素：父母的遺傳

進化心理學認為在人類進化的過程中，會在基因中保留下對我們生存和繁殖有助益的資訊。和性別、血型一樣，性格也是我們賴以

性格的遺傳

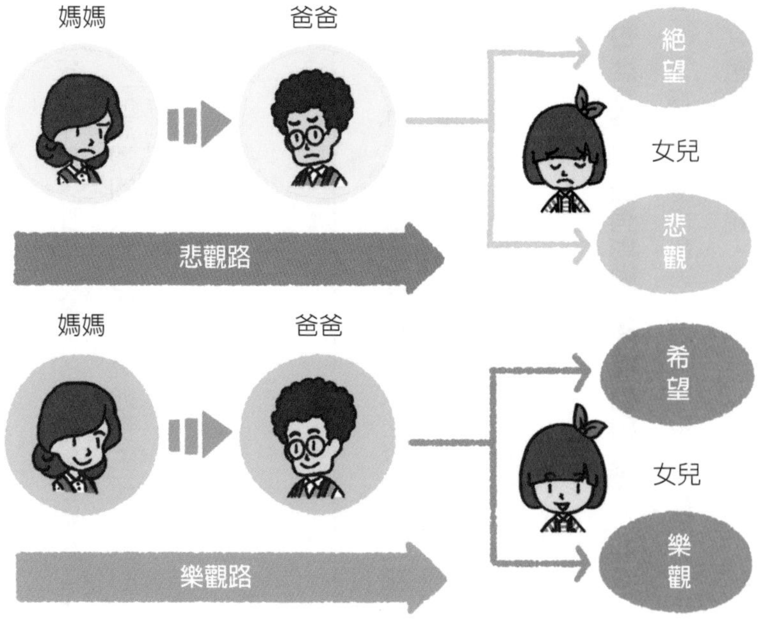

生存的一項重要的資訊，需要透過遺傳留給後代。

擁有樂觀性格的人更加能夠在惡劣的環境中生存下來。比如，樂觀的人們會在饑荒中看到食物的希望，最後堅持到找到食物生存下來。而悲觀的人們可能早早地喪生在自己的絕望裡。這種有助於我們生存的基因透過父母傳給孩子，一代又一代。

第二因素：父母的教養

著名的行為主義心理學家華生曾經說過：「給我一打健康的嬰兒，我可以把他們訓練成任何一種專家——醫生、律師、藝術家，甚至小偷。」雖然現在普遍認為這種說法是誇大了環境的決定作用。但是，無需質疑的事實是，環境是孩子性格形成的另一大決定因素。

在孩子成長中塑造性格的關鍵年齡裡，父母就是孩子最有影響力的環境因素。不但父母的一言一行會成為孩子的榜樣，父母對待其他事物的態度也會潛移默化地影響著孩子。

父母如果對孩子的言行，或者對其他事物的態度總是保持樂觀，要想家裡成長出一個正能量的孩子自然不是難事。

生理心理學指出：雖然我們的性格會透過基因攜帶遺傳給我們的孩子，但是基因中的某些性格特徵可能需要在特定的環境下才會被激發出來。不同的環境刺激基因中不同的性格特徵部分，也就會產生不同的結果。

比如，孩子在遇到陌生人的時候會感覺到不自在。如果爸爸媽媽再總是催促孩子：「快叫叔叔，怎麼還不叫，這孩子真是膽子小。」這樣施加壓力的說法會讓孩子變得更害羞，可能會導致他們在長大以後無法自在的

父母環境因素對孩子的影響

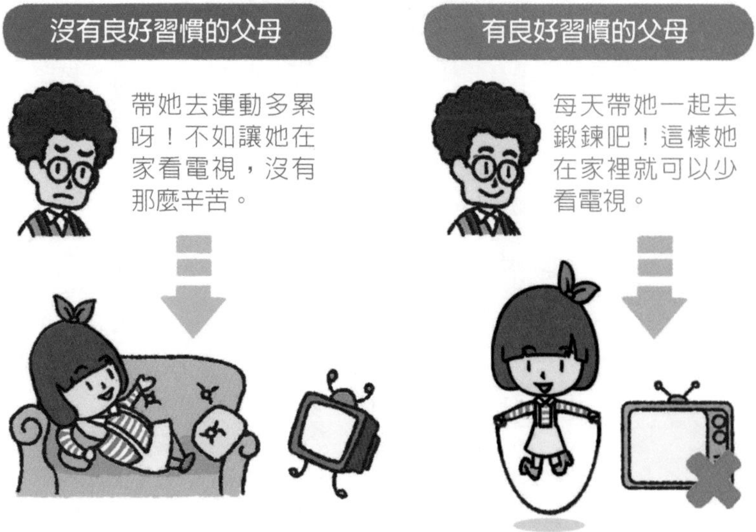
沒有良好習慣的父母
帶她去運動多累呀！不如讓她在家看電視，沒有那麼辛苦。
有良好習慣的父母
每天帶她一起去鍛鍊吧！這樣她在家裡就可以少看電視。

進行社交。相反的，如果家長在這時不急於讓孩子表現，不給過多的壓力，讓孩子循序漸進地接受新的事物，那麼孩子的害羞特質也會逐漸消失。

由此可見，環境和遺傳的互動，才最終決定了孩子成長中所形成的性格。

結語

●在孩子眼中，父母是第一個朋友。父母的一切很容易影響到孩子，無論孩子的正能量培養是得自先天，還是得益於後天，都和父母有很重要的關係。給孩子傳遞正能量，讓孩子健康成長，是父母無可推卸的職責。

03 為什麼要遵守和孩子的約定？

「你這幾天乖乖的，表現好一點，爸爸媽媽週末帶你去動物園哦。」到了週末，「爸爸這週末要加班，下週再帶你去吧。」這樣的對話是不是常常出現在你的生活中呢？或者家中還有更小一點的孩子，在被爽約時甚至連解釋也得不到，因為你覺得他根本就不會記得。然而，不遵守和孩子之前的約定看起來是一個無關痛癢的小問題，但在成長中給孩子帶來的傷害卻遠比你想像得要多。

認知上：讓孩子質疑世界的真實性

小寶寶每天就是吃吃，喝喝，玩玩。看起來是輕鬆和讓人羨慕的，但其實，他們的生活並沒有我們想像得那麼輕鬆。每個孩子都在成長的每一分每一秒中學習周遭發生的一切。對於他們來說一個物體的移動、一個勺子的落地、一個聲音的傳來都是他們學習這個世界規律的課程。父母更是孩子重要的老師，孩子對社會的很多認

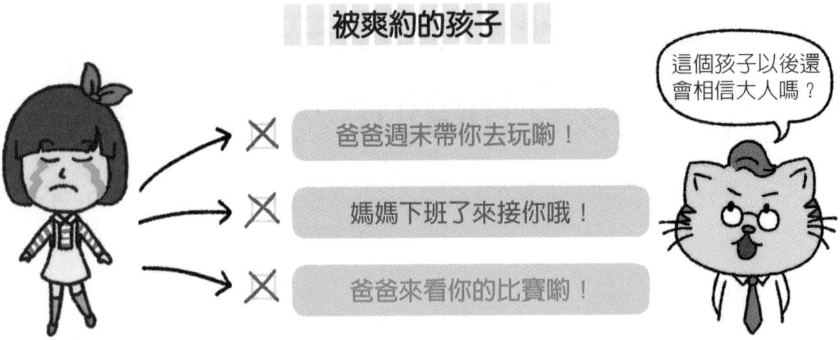
被爽約的孩子
這個孩子以後還會相信大人嗎？
爸爸週末帶你去玩喲！
媽媽下班了來接你哦！
爸爸來看你的比賽喲！

知，對社交的感受和對這個世界的價值觀等大都來自於父母。

剛出生的小寶寶如同一張白紙，父母怎樣勾畫至關重要。某天出門，看到鬱鬱蔥蔥的樹木，如果我們和孩子說：「這是樹，綠色的，是一種植物。」孩子便會好好地記在腦裡。但是，我們如果跟孩子說：「這是樹，紅色的，是一種動物。」孩子也會毫不質疑地記住。心理學家們對3歲孩子進行的研究發現，這個年齡的孩子對大人說的話堅信不疑，即使大人說的話並不真實。就好像孩子對聖誕老人真切的期盼一樣，他們相信聖誕老人是那個每年送禮物到家裡的白鬍子爺爺，還是騎著馴鹿拉著雪橇從天空飛來的。因此，孩子對世界真實性的認識最初是源自於父母。**當我們對孩子做了保證，又爽約的時候，就會讓孩子感到迷惑，不知道怎樣面對這個世界。**

情緒上：讓孩子失望

小學齡前的孩子，特別是在1歲半到4歲的年齡為情緒敏感期，也就是常說的：「叛逆的2歲」（Terrible Two）。這個年紀的孩子開始出現各種情緒，但是，他們尚沒有足夠的能力去控制和管理自己出現的那些情緒。因此，常常會出現情緒失控的情況。例如：躺在地上嚎啕大哭，怎麼勸都無法停止。因為孩子對各種事件的接受能力有限，所以有的時候一件小事就可能導致孩子的情緒大崩潰。那麼如果是被孩子視為最重要最依賴的父母爽約的話，孩子那種失望和無助的情緒是可想而知的。

雖然說，孩子的世界不可能會是一帆風順的，總會遇到讓他們失望和傷心的事情，可這並不是我們可以讓孩子失望的藉口。**作為父母，應該教育幫助孩子如何管理自己的情緒，而不是一開始就把孩子推往情緒崩潰的邊緣。**所以，在批評自己孩子不受管教的同時，我們也應該想一下孩子為什麼會亂發脾氣。

教養上：讓孩子學習到不守約的行為

人類的大腦結構非常的複雜和神秘，但我們的學習過程有時候又表現得非常簡單。一個行為對應一個回饋，重複多次，我們就學習了一個行為和回饋之間的關係。

父母給孩子一個約定，到了約定的時間兌現

父母打破約定後的影響

從認知上

讓孩子質疑世界的真實性。當大人爽約的時候，會讓孩子感到迷惑，不知道如何面對這個世界。

教養上

讓孩子學習到不守約的行為。父母經常失約的話，孩子也有可能會成長為一個言而無信的人。

情緒上

讓孩子失望。大人不守約會導致孩子情緒失望。將孩子推往崩潰的邊緣。

約定，這就是孩子學習什麼叫作約定的過程。如果父母每次都能做到守約，那麼孩子學到的「約定」的定義是一種不可打破和不可違反的承諾。相反，如果父母時不時地打破約定，隨意違反約定的話，那麼孩子學到的「約定」的定義是一種可以違反，並且違反以後不會帶來不良後果的行為。長期下來，父母不遵守約定的行為，不僅會讓孩子不再信任父母，也會讓孩子成長為一個言而無信的人。

結語

● 一句簡單的約定，爸爸媽媽們請三思之後再給出。是將孩子培養成一個言而有信、對社會和生活負責的人，還是將孩子培養成一個言而無信，無法信守承諾的人，最終決定權在父母的手裡。

04 在孩子面前爭吵孩子也會透過鬥爭解決問題？

爭吵作為夫妻二人的日常，是不可避免的。兩個來自不同家庭，不同經歷的人結合在一起，免不了會在生活中出現摩擦和矛盾。雖然這種爭吵並不一定都是壞事，但是，當一個天使般的小寶寶降臨後，爭吵也往往會隨著家中成員的增加而升級。如果說夫妻爭吵是小打小鬧，調節情調，那麼在孩子面前爭吵則是完全不同的性質。為什麼我們不能在孩子面前爭吵呢？

！孩子能感受到父母的情緒

成長中的孩子能夠學習和感知到生活中的各種情況，父母爭吵時的各種負能量（傷心難過和壓力），甚至夾雜著的暴力都會被孩子感知到。心理學有研究顯示，出生僅6個月的小嬰兒都能感受到家長爭吵中的壓力情緒，甚至成年後的19歲青少年，依然對父母的爭吵特別敏感。來自美國聖母大學的卡明斯（E. Mark Cummings）

說：「孩子永遠都不會習慣父母的爭吵。」也就是說，父母的長期爭吵不僅不會讓孩子感到麻痹而被忽視掉，反而隨著孩子年齡的增長，傷害會日益加深。

甚至，父母的長期爭吵還會給孩子帶來無法想像的後果，他們會變得越來越焦慮和無助，會出現睡眠障礙、頭疼、胃疼之類的健康問題，他們的免疫力也會下降。父母的爭吵讓孩子承受了很大的壓力，而長期壓力會損傷我們大腦中的海馬迴（Hippocampus）。海馬迴是我們用於記憶和學習的重要區域，因此孩子的學業也會逐漸落後，並且變得不願意和同學或家人相處。孩子的身體健康、情緒和社交都依賴於父母，他們會因為家中的爭吵變得問題重重。

孩子會學習父母的處理方式

孩子是父母行為的影印機。對於爸爸媽媽的一言一行，他們雖然不會刻意模仿，但是卻了然於心。特別是當父母用暴力解決問題的時候，比如謾罵、人身傷害和使用暴力，那麼孩子在將來遇到問題時會更加傾向於使用暴力的方式去解決。並且，在父母長期爭吵環

理性代替爭吵

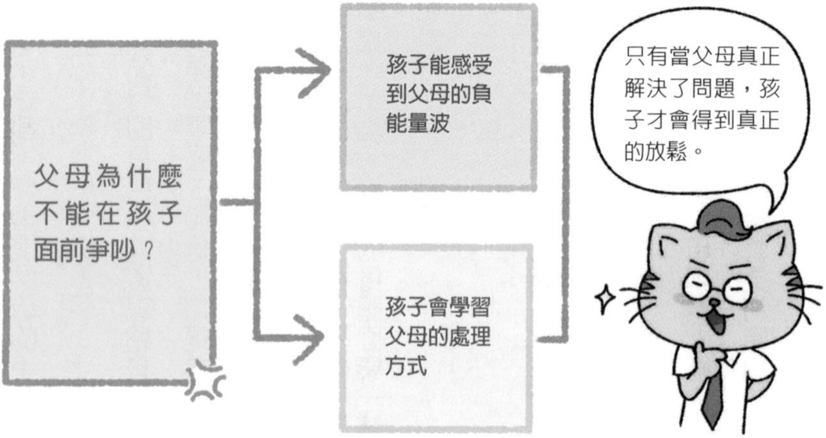
父母為什麼不能在孩子面前爭吵？
孩子能感受到父母的負能量波
孩子會學習父母的處理方式
只有當父母真正解決了問題，孩子才會得到真正的放鬆。

境中成長的孩子，將來建立家庭後，有很大的機率也會過得不幸福。

那麼，父母們在遇到問題時，在孩子面前該如何解決呢？

父母解決爭端的正確方式

我們處在充滿矛盾的社會，讓父母永不爭吵實在很難。並且，孩子即使成長在一個充滿父母親的愛的環境下，當他步入社會後也可能會和其他人發生衝突。因此，**父母能做的不是永遠不在孩子面前爭吵，而是使用理性、平和的方式來解決雙方的爭端。**如，禁止過度偏激的言語或肢體衝突。爸爸理解媽媽的情緒，讓媽媽感到自己正在受到重視，媽媽重視爸爸的面子，不讓爸爸感到難堪，雙方都要表現出想要解決問題的態度，這樣才能及時解決問題，減少對孩子的傷害。

雖然，有的家長為了避免在孩子面前爭吵，會關起房門來開戰，在房內吵得不可開交，吵完出來假裝笑臉相迎。但是孩子比我們想像的還要敏感和聰明得多。當家長假裝和好的時候，孩子依然能感受到那隱藏在笑臉背後的烏雲。只有當父母真正解決問題，孩子才會得到放鬆。

結語

● 心理學研究發現，父母如果使用理性的方式解決矛盾，就算問題沒有得到解決，孩子也還是會學習到父母親解決問題的方式。在將來孩子遇到爭端的時候，他也會一樣使用理性平和的方式去解決。

孩子的東西父母不要自作主張送給別人

華人教育的一大特色就是「把孩子當孩子」。這句聽起來似乎有語病，卻是我們在教養孩子時不經意都會犯的錯。你一定覺得很奇怪，不把孩子當孩子，難道當成大人嗎？孩子雖然年齡小，說話奶聲奶氣，有時候還會出現一些蠢萌的舉動。但是，我們在日常生活中確實應該把他們當成一個成人、一個獨立的個體來對待。我們誰也不會把一個成年人的東西隨便拿來送給別人，那麼也請這樣對待孩子的物品。為什麼我們不能對孩子的東西擅自做決定呢？

! 孩子是有自我意識的小人兒

寶寶通常在一歲半的時候開始有自我意識（Self-awareness），也就是當寶寶照鏡子的時候，知道鏡子裡出現的人像其實就是自己。那麼在看到鏡子裡娃娃臉上有髒東西的時候，他們會清理自己的臉，而不是上前擦拭鏡子。但是，最近的一些心理學研究也發現，寶寶甚至在更小的時候就對自己的身體有意識，這也是自我意識發展的一部分。

當寶寶開始有了自我意識，他們不僅知道了自己是自己，也會更加清楚地開始表達他們的喜歡與不喜歡，他們的需求和他們的所有。也就是說，18個月的孩子已經開始獨立並逐漸成為一個不依賴父母而存在的個體。也就是說，在寶寶的眼裡，自己是一個獨立的人，並不是父母的附屬品。

因此，當爸爸媽媽依舊把孩子當成是自己的附屬品，把孩子的東

父母擅自拿孩子的東西送人現象

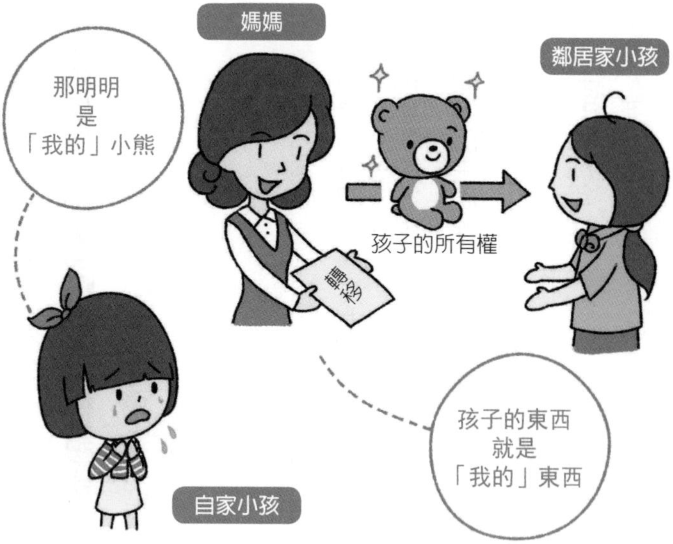
媽媽
鄰居家小孩
那明明
是
「我的」小熊
孩子的所有權
轉移
孩子的東西
就是
「我的」東西
自家小孩

西當成「我的」，不經孩子同意，把孩子心愛的玩具擅自送給別的小孩時，孩子自然會反抗。保護自己的東西，就像保護他們自己的所有權，這是初有自我意識的孩子特別執著的事情。**在孩子的眼裡，我們不經過他的同意而拿走他的東西的做法，已經嚴重侵犯了孩子對自己東西的所有權。**雖然，孩子還不會據理力爭，但是用哭鬧來表示憤怒是免不了的。

孩子有需要被保護的自尊心

我們通常認為自尊心就是好面子，是一種需要被拋棄的東西。事實上，自尊心是我們在成長過程中非常重要的一環，即使當我們成人以後也是不能被忽視的。心理學認為自尊心（Self-esteem）反映了人們對自己和自己所具有的價值的主觀評價，包括我們對自己的認識，也包括對自己情緒狀態的了解。自尊心的建立來自於我們的生活，孩童時期受到的挫折和傷害會損害我們的自尊心，這種影響可以延續到我們成年。

而自尊心過低會給我們的生活帶來一系列的危害，包括一些精神問題，如焦慮和憂鬱等。而心理學認為低自尊心的人會更輕易地傷害自己，甚至傷害別人。因此，「可悲」的

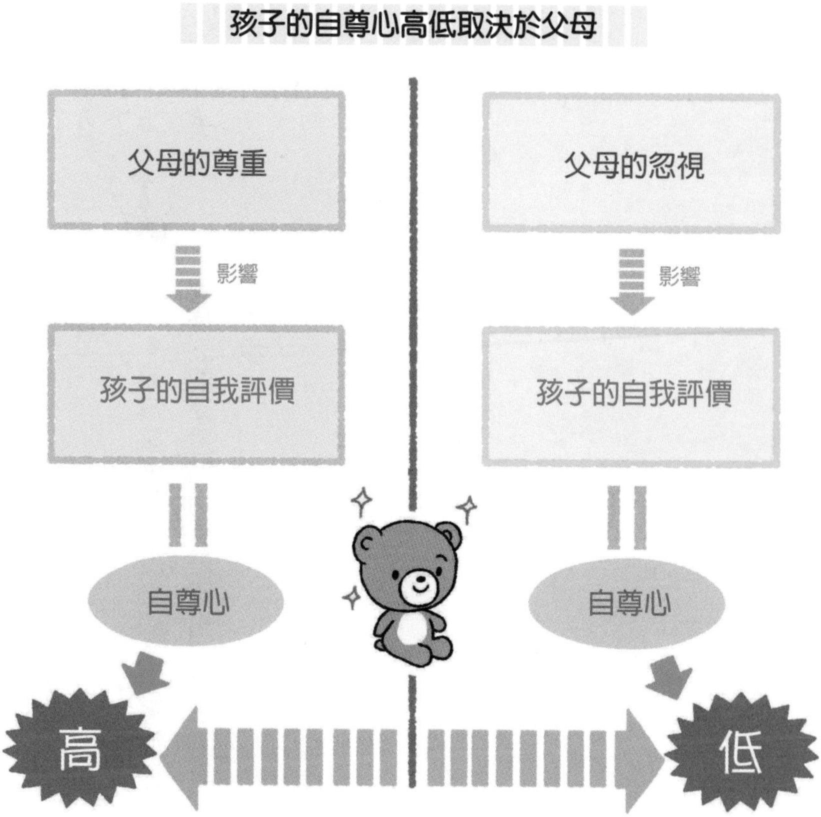

自尊心並不需要拋棄，而是需要被保護起來。

父母是孩子建立自尊心最具有影響力的來源。**當爸爸媽媽不經過孩子的允許而隨意將孩子的東西送人時，孩子會認為父母對自己忽視和不尊重。**

結語

● 養育孩子的路上給孩子很多很多的愛是不夠的，還有一門家長需要學習的功課是尊重。父母的尊重才是孩子建立自尊心的第一步。

06 對孩子進行挫折教育的正確方法

挫折教育是什麼？就是讓孩子多吃點苦？並不是。挫折教育並不是簡單讓孩子吃點苦，而是在孩子吃苦以後家長給予的教育和指導。

挫折教育的目的就是告訴孩子世界並不完美，生活也不會一帆風順。當遇到困難時，父母不能親自動手幫孩子解決問題，但可以教會孩子自己去解決問題的方法。這樣孩子在未來即使遇到困難，也會努力去解決並獲得成功。我們在這裡就具體說一說挫折教育在心理學上有哪些要注意的方面。

第一方面：幫孩子進行情緒管理

情緒管理是我們非常欠缺的一課。在我們的孩童時期，也沒有人告訴我們生氣了、傷心了應該怎麼做。聽到最多的就是「不要生氣了」、「有什麼好傷心的」、「你已經很好了」等敷衍了事的說法。

二、三歲的孩子處在情緒敏感期，這時候的他們能感知到不同的情緒卻不能管理和調節自己的情緒，這也是教育孩子管理自己情緒的最佳時期。

這個年齡的小孩很容易遭受挫折，被挫折打敗後還很容易情緒崩潰。例如，玩積木

挫折教育的注意點

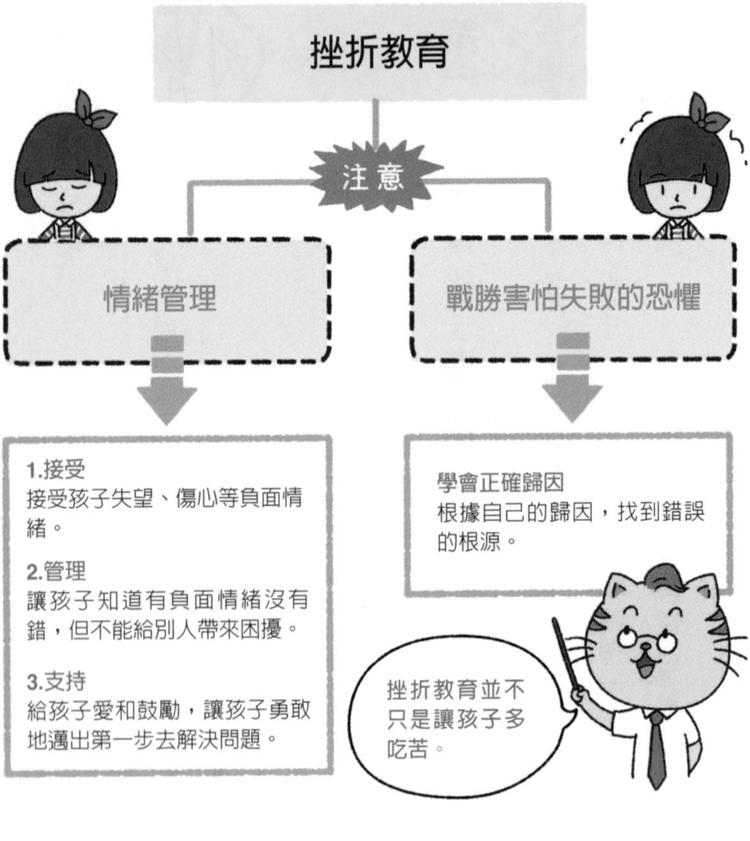
挫折教育
注意
情緒管理
戰勝害怕失敗的恐懼
1.接受
接受孩子失望、傷心等負面情緒。
2.管理
讓孩子知道有負面情緒沒有錯，但不能給別人帶來困擾。
3.支持
給孩子愛和鼓勵，讓孩子勇敢地邁出第一步去解決問題。
學會正確歸因
根據自己的歸因，找到錯誤的根源。
挫折教育並不只是讓孩子多吃苦。

玩具不能像模型那樣搭建起來而情緒失控；嘗試學習用筷子卻怎麼也夾不起食物而大哭。

當孩子遇到挫折時，我們首先要接受孩子失望、傷心的情緒。孩子會有這些負面情緒並沒有錯，情緒沒有好壞和對錯，只是人們對當前情況的一種生理和心理的反應。其次，我們要讓孩子知道傷心難過沒有錯，但是如果使用發脾氣、暴力的方式去發洩這種情緒就會對自己和周圍的人都造成困擾和麻煩。並且，這樣並不能消除當初的癥結，而是在製造新的矛盾。最後，給予孩子足夠的愛和鼓勵，讓孩子堅信爸爸媽媽的支持，並讓孩子勇敢地邁出第一步，解決一個對他來說可能真的是十分棘手的問題。

第二方面：幫孩子戰勝害怕失敗的恐懼

加州大學伯克利分校的心理學教授馬丁．柯勞頓（Martin Covington）認為，對失敗的恐懼感直接影響我們對自我價值的評估。如果孩子在長期的失敗之後，將失敗的原因歸結為自己的能力不足，那麼他們很可能不會再去努力嘗試，認為自己就是失敗的人。這種情況一旦出現，孩子的前程很可能就岌岌可危了。相反，如果孩子認為失敗是成功的必經之

學會正確歸因

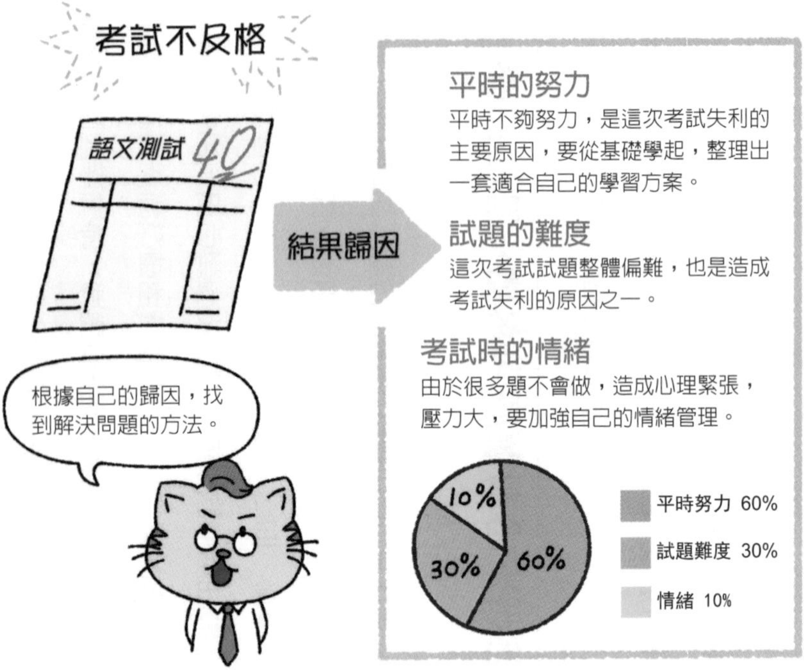
考試不及格
語文測試 40
結果歸因
平時的努力
平時不夠努力，是這次考試失利的主要原因，要從基礎學起，整理出一套適合自己的學習方案。
試題的難度
這次考試試題整體偏難，也是造成考試失利的原因之一。
考試時的情緒
由於很多題不會做，造成心理緊張，壓力大，要加強自己的情緒管理。
10%
30%
60%
平時努力 60%
試題難度 30%
情緒 10%
根據自己的歸因，找到解決問題的方法。

路，並且能夠從中學到知識與經驗，得到改進，那麼他們便不會因為多次的失敗而質疑自己的價值，也會在不斷的努力中取得成功。

社會心理學中一直認為歸因（Attribution）非常重要，是內向歸因因為自己，還是向外歸因因為其他，都非常有講究。父母在教育孩子如何歸因之前一定要知道，不同的歸因方式可能會改變孩子的一生。因此，當孩子摔倒時不歸因為地不平，而是歸因孩子自己不注意；孩子做錯題目時不歸因因為腦子太笨，而是歸因孩子沒有看清題目；孩子比賽失利時不歸因因為賽制不公，而是歸因孩子沒有更努力。

當然，在失敗後，根據自己的歸因，找到錯誤的根源，並運用正確的方法去解決問題，才是我們引導孩子走向成功的一大步。

結語

● 教育孩子的方式數不勝數，照本宣科並不能保證孩子的未來，把握正確的教育方式才能百戰不殆，在挫折教育中，如果孩子能夠以平和的情緒去面對挫折，找正確的歸因方式，不再害怕去嘗試。那麼不管具體的步驟、方法是什麼、挫折教育已經成功了一大半。

來自別人口中的「好媽媽」壓力

小時候我們的身邊總是有個「別人家」的孩子，他們德智體美勞全面發展。大學的時候也總有「別人家」的孩子，他們考上國際名校。工作後，又會有「別人家」的孩子，他們進入世界五百強，年薪百來萬。在我們的有生之年裡，「別人家」並不會因為我們不喜歡就悄悄躲起來。就算當了媽媽，「別人家」的「好媽媽」也還是不放過我們，她們把孩子養得乖巧，連家裡都整理得一絲不亂。

不管是從別人口中聽到，還是媽媽自己從身邊看到。這些「別人家的好媽媽」，讓在當媽路途中摸索的新手媽媽受到了無數的傷害。要想恢復受傷的心靈，難度也並不是一點點。

為什麼總要與好媽媽比

為什麼總是要相互比較，相互傷害呢？這是我們作為社會人的一種本能，在社會心理學中叫社會比較（Social Comparison），指對

帶娃媽媽的壓力

他人的資訊進行獲取、思考和回饋的一系列心理過程。

社會比較的初衷並不壞，往往是能用於自我衡量、自我改進和自我提高。每個人都需要社會比較，是我們在社會中尋求自我定位和改進自己的一種必要的心理。

社會比較並不一定只針對我們生活中認識的人，那些和我們素未謀面的人，也可以成為我們比較的對象。比如，在電視、報紙上看到的一些人物、事蹟。甚至，我們還能和一些並非真實存在的虛擬對象進行對比。但是，我們卻最喜歡和自己接近的人來比較，也就是說對比對象和我們越相像，我們越願意與他們比較。因此，明星好媽媽對我們的傷害遠遠不如鄰居家的某個好媽媽大。那麼，和那些好媽媽比會給我們帶來哪些困擾呢？

和好媽媽比較會給媽媽帶來的壓力

社會比較能讓我們進步，那麼為什麼別人口中的好媽媽會讓我們壓力倍增呢？這也是社會比較的必然副作用。社會比較的方式和使用的情景不同，帶來的後果也截然不同。通常社會比較有兩種方式，向上比較和向下比較。

和別人口中的好媽媽對比就是一個向上比較的過程，當我們需要自我改進和自我提升的時候，向上比較更能讓我們事半功倍。當我們向上比較的時，往往能帶來啓發，讓我們更加進步，並且激勵我們達到一個更新的高度。但是，當我們遇到挫折的時候，向上比較只會帶來反向的效果。不但不能讓人恢復好心情，激發進取心，反而會讓人倍受打擊，降低幸福感、自尊心，甚至讓人抑鬱。所以，新手媽媽在照顧孩子頻頻受挫的時候，再聽到某個完美好媽媽的事蹟，生活就會變得更糟糕。

如何快速降低當媽的壓力

不論我們的性格如何、自尊心高低，向下比較都能在我們受挫時給我們帶來力量，讓我們的壞心情得到緩解。因此，當媽媽們遇到挫折的時候，最好的辦法是向下比較，找到那個比自己還手忙腳亂的媽媽。這樣才能快速走出悲傷

如何快速降低當媽的壓力

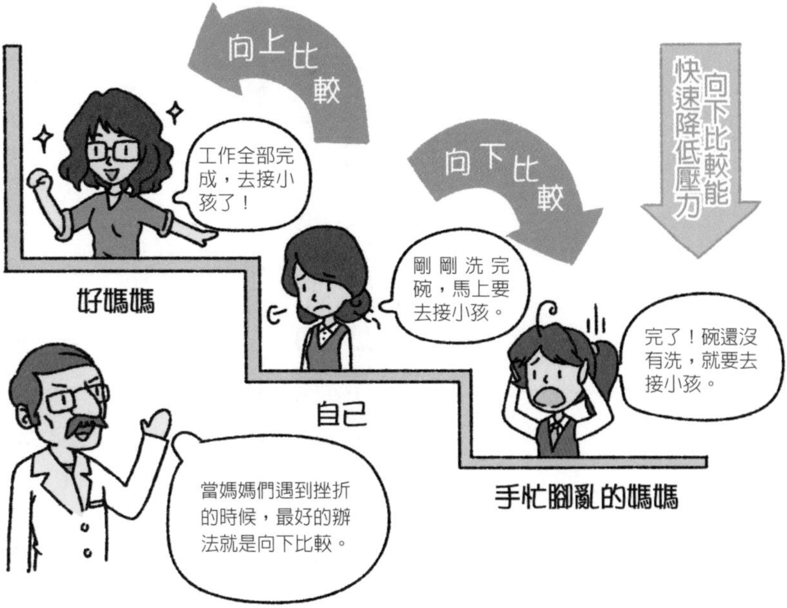

向上比較
向下比較
向下比較能快速降低壓力
工作全部完成，去接小孩了！
好媽媽
剛剛洗完碗，馬上要去接小孩。
自己
完了！碗還沒有洗，就要去接小孩。
手忙腳亂的媽媽
當媽媽們遇到挫折的時候，最好的辦法就是向下比較。

和憂鬱，並能得到更快的恢復。整理好心情以後，再學習好媽媽的好方法和策略才是社會比較的正確方式。

結語

●使用正確的方式與好媽媽進行對比可以提高我們做媽媽的各類技能。但是，每個寶寶都有自己的特質，每個媽媽也有自己的教養方式。因此，有時候不去和別人家的好媽媽比較，會讓生活更輕鬆簡單和愉快。

08 對孩子的愛就要大聲說出來

有一種沉默的愛，是每每在孩子的身後，悄聲關注，默默付出，不求回報，也從不言明。這種愛的方式在我們的身邊普遍存在，普遍到大家認為父母的愛就應該這樣。尤其是父愛，「大愛不言」符合傳統文化對男人和對父親的定義。小時候我們總是擔心爸爸媽媽是不是真的愛自己，而長大以後爸爸媽媽又一直不知道我們到底是不是愛他們。其實，這種無言的愛一點都不偉大，是一種亞健康的愛，不完全的愛的方式。所以，現在我們成了孩子的父母，愛孩子就要大聲告訴孩子，「我愛你」也要常常掛在嘴邊。

孩子需要聽到父母說的「我愛你」

初生嬰兒每天只是在嗷嗷待哺和甜美入睡的模式中切換，但是這個什麼都不會做的小肉團並不僅是會吃奶和睡覺，他們也需要來自母親的愛撫。在心理學著名的實驗「恒河猴實驗」中，哈洛分別使用了兩種不同的假母猴，一種是冰冷的有乳汁的，另一種是溫暖的沒有乳汁的。給一些出生不久的小猴子，讓它們去選擇接近兩種假母猴中的一種。結果發現，小猴子更喜歡溫暖卻沒有乳汁的母猴子。這個實驗告訴我們，並非有奶就是娘，小猴子更喜歡溫暖和愛撫，那麼小寶寶也一樣。吃飽穿暖並不就是孩子需要的愛，寶寶更需要來自母親全方位的愛。而隨著孩子的成長，對情感上愛的需求也越來越大。

有了寶寶的父母總覺得像多了一個拖油瓶，認為孩子總是喜歡貼在自己的身上。孩子確實對父母

孩子的不同需求

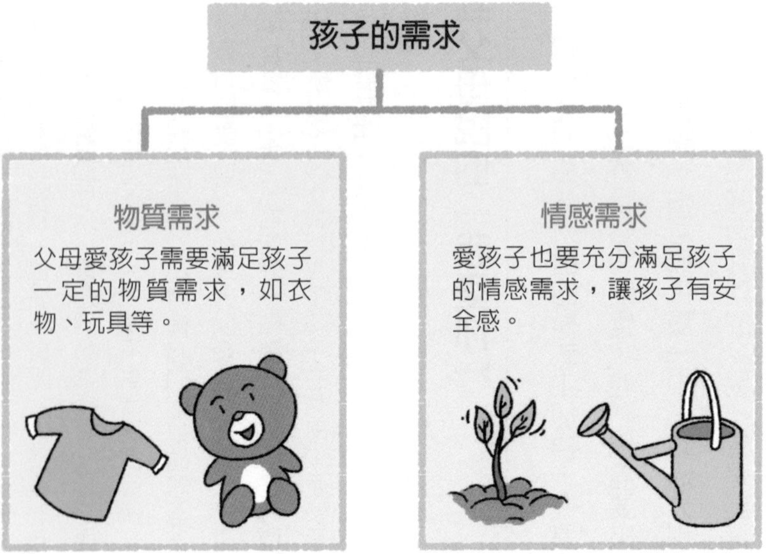
孩子的需求
物質需求
父母愛孩子需要滿足孩子一定的物質需求，如衣物、玩具等。
情感需求
愛孩子也要充分滿足孩子的情感需求，讓孩子有安全感。

的愛有特別多的需求，並且父母的愛對孩子的成長也是有利的。**發展心理學的依戀理論（Attachment Theory）認為，小時候得到更多愛的孩子會更有安全感。**

當孩子成長到可以獨立活動的年紀，安全感高的孩子更能夠離開父母的庇護去探索世界，因為他們知道父母總會在不遠處關注著自己。而缺乏安全感的孩子卻會畏畏縮縮，不敢遠離自己的父母。

相信每個父母都希望給孩子所有的愛。對孩子的愛可以表現在很多方面，比如在物質方面。**但最簡單的方式就是大聲告訴孩子我們對他的愛，這也是最有效的方式。**語言是人與人溝通最有效的工具之一，沒有什麼比告訴對方更能讓雙方明瞭的了。並且，語言對我們的影響遠比我們想像的要深遠。

所以，愛孩子也是一定要說的。

父母需要聽到自己對孩子說「我愛你」

每天對孩子說「我愛你」，會讓我們更愛自己的孩子。在心理學中把這種現象叫認知失調（Cognitive Dissonance）。

對認知失調最普遍的解釋是，因為同時存在兩種矛盾的想法，而產生了一種不舒適的緊張感。而人們為了緩解這種不舒適感，會主動調節其中的一種想法。說這是認知失調，並不是說，父母並不愛孩子，說了「我愛你」之後會產生不適感。而是，在我們的傳統認知中，「我愛你」是個不容易被說出口的句子，特別是當物件是自己的家庭成員時。

因此，要每天對孩子真情實意地說「我愛你」，確實會帶來少許不適感。但是，日久天長，我們會在大腦中慢慢

情感關愛與孩子的安全感

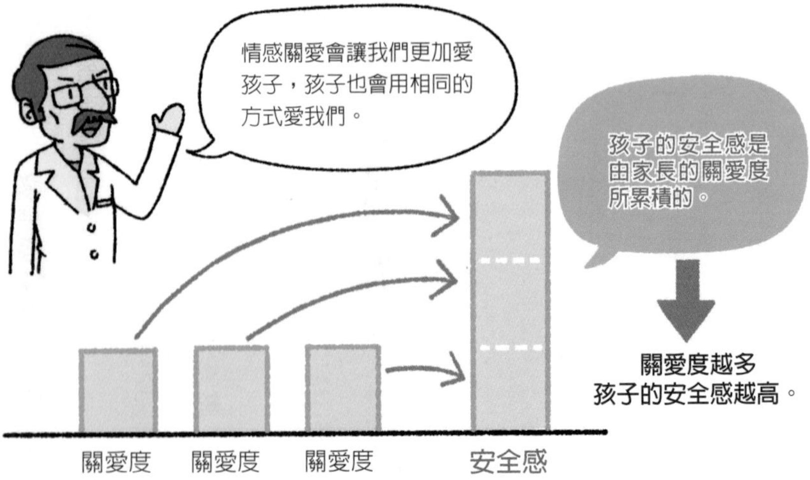

情感關愛會讓我們更加愛孩子，孩子也會用相同的方式愛我們。
孩子的安全感是由家長的關愛度所累積的。
關愛度越多
孩子的安全感越高。
關愛度
關愛度
關愛度
安全感

調節自己的認知，直到有一天我們對說「我愛你」的認知和我們說「我愛你」的行為能夠和諧相處。另外，每天說愛，也是對自己要更愛孩子的一種心理強化。

第2章

幫媽媽解決孩子的飲食煩惱

要說在育兒道路上什麼問題最讓爸爸媽媽們操心，
孩子的飲食問題應該是首當其衝了。
誰家沒有一個吃飯困難的孩子呢？

01 為什麼有的孩子斷母奶很不容易？

世界衛生組織提倡媽媽純母乳餵養到寶寶6個月，並且持續母乳餵養到寶寶2歲為最佳的餵養方式。但是，現實生活中，由於生計和職場壓力，或者一些其他的原因，很多媽媽不得不在孩子較小月齡的時候就斷了母乳餵養。

提早斷母乳對媽媽來說是一種挑戰，因為母乳是媽媽和寶寶專有的親密關係，不能保持這種親密接觸不僅對媽媽的身體有很大的影響，對心情也是。不能長期地接受媽媽的母乳餵養對寶寶來說更是一種挑戰，因為不能依偎在媽媽身邊享受來自媽媽身體的溫暖和香甜的乳汁，更會讓寶寶沒法體會媽媽最最親密的愛。

斷母乳對每個孩子都不容易，那麼從心理學的角度來看，為什麼有的孩子特別地難斷母乳呢？

母乳餵養給孩子帶來什麼？

其實，母乳餵養並不簡單地是給寶寶吃飯而已。母乳給寶寶帶來的不僅是可以飽腹的乳汁，也為寶寶提供了成長需要的營養和建立

身體免疫力的抗體。母乳能給寶寶最踏實的安慰，緩解寶寶的疼痛和不安情緒（比如，在醫院注射疫苗後），促進寶寶更香甜的睡眠，甚至母乳喂養的寶寶更不容易猝死，健康成長的機率更大。並且母乳是媽媽和寶寶建立依戀關係的重要環節，長期的母乳餵養也有利於寶寶將來的社交能力。另外，母乳餵養過程中媽媽體內產生的催產素，也對媽媽和寶寶的身心健康有諸多益處。

母乳的祕密

❗ 母乳裡面不僅含有寶寶成長需要的糖分、脂肪、蛋白質等成分，還給寶寶帶來建立免疫系統的抗體。

母乳餵養能給寶寶帶來安慰。每次寶寶哭鬧，家中老人總是催促著媽媽餵奶，認為哭是寶寶餓了的表現。這種做法雖然不一定是對的，但也歪打正著說明了一些道理。寶寶有時候哭鬧找奶，並不是因為餓，而是在尋求安慰。作為一個來到新世界、身處全新環境的小寶寶，需要安慰是成長的本能。寶寶出生之前在一個狹小、黑暗、安全的包裹環境中生活了9個多月。一瞬間來到一個開闊、明亮、吵鬧、完全陌生的大世界，身邊圍繞著各種讓他無法理解的事物。而小寶寶卻只能用哭來表達需求，有時候表達了還未必得到相應的滿足。這麼想來小寶寶的生活其實是非常不如意的。所以，媽媽們能夠透過母乳多給寶寶帶來安慰，這也是最能為孩子做的事情。

雖然，因為工作等諸多因素不得不給寶寶斷母乳，但是，有的寶寶斷母乳較容易，而有的寶寶斷母乳卻異常困難。

為什麼有的寶寶難斷母乳

一方面，缺乏安全感。寶寶從出生以後就自帶個性，每個孩子都有自己獨特的一面。

即使還不會說話，不會走路的小寶寶也會在很多方面表現出自己的特質。比如，有的寶寶出生以後總是哭泣難以安慰，而有的寶寶卻能獨自入睡。這些不同源於寶寶與生俱來的性格和氣質。有安全感，更有探索氣質的寶寶即使在媽媽不親自餵養母乳的時候也顯得很安靜。然而，缺乏安全感，容易內斂，害羞的寶寶，就會更願意依偎在媽媽的懷裡，從媽媽的乳汁中尋求安慰，離開母乳就會讓他們變得局促不安。

難斷母乳的原因

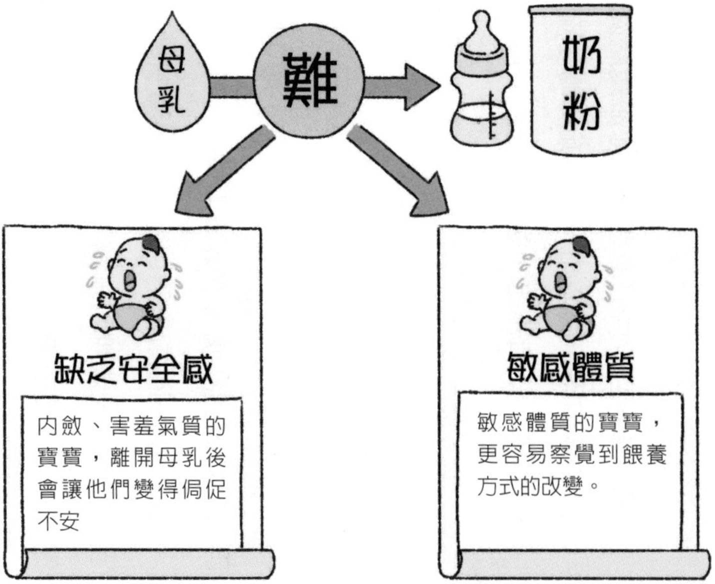
母乳
難
奶粉
缺乏安全感
內斂、害羞氣質的寶寶，離開母乳後會讓他們變得侷促不安
敏感體質
敏感體質的寶寶，更容易察覺到餵養方式的改變。

另一方面，寶寶的敏感體質也會讓斷母乳變得困難。高敏感也是某些寶寶天生的特性，他們這種對身邊事物和變化的異常敏感來自於人類的進化過程。在遠古時代，保持敏感和警覺是人類逃脫天敵的一項必要的功能。因此，在人群中，總是需要幾個特別敏感的人來保持人類的存活率。進化至今，雖然我們已經不需要時刻擔心能否存活下來的畏懼，但是身體中卻依然保存著敏感的特性。所以敏感特質的寶寶會更容易地察覺到餵養方式的改變，也會更加排斥新的餵養方式。他們不喜歡改變，因為一直得到媽媽的母乳餵養，會讓他們覺得更加安心。

結語

● 母乳是寶寶在成長過程中最大的依賴，如果可以，母乳餵養的時間越長，斷奶的難度也會變得越小。母乳餵養的媽媽可以透過循序漸進的方式慢慢讓寶寶接受新的餵養方式，而不是在哭鬧中奪走母乳給孩子帶來的安全感。

02 為什麼寶寶老是拿了東西就往嘴裡塞？

寶寶在二、三個月的時候開始嘗試把手塞進嘴裡吃，六、七個月以後就把身邊的玩具塞進嘴裡，九到十個月以後寶寶會爬向自己想要拿的東西，拿起來塞進嘴裡。這種把任何東西都往嘴裡塞的現象可能會一直持續到2歲左右。

其實，當寶寶開始嘗試把手放進嘴裡吃的時候，我們就應該歡呼雀躍。因為這是寶寶開始探索世界的里程碑，他會在很長的一段時間裡，用自己的嘴和舌頭來感受和學習自己身邊的各種事物。

！寶寶是在探索世界

雖然手是人類完成最精密活動的器官，但是，手指功能的完善並不是在剛出生的時候就完成了。手指進行精密活動所用到的肌肉一般會在寶寶上幼稚園以後才會開始增強起來，並且要透過一定的訓練才能像成年人一樣做各種細緻的活動，比如，扣鈕扣、寫字、塗顏色、穿針引線等。那麼在手指小肌肉增強之前的很長一段時間，寶寶會使用自己的舌頭和嘴巴來探索世界。因為寶寶的嘴裡有很多神經末梢，這些神經末梢能幫助寶寶感受各種事物的觸感、味道、溫度，等等。

當孩子二、三個月開始吃手的時候，是在學習認識自己的身體器官，吃手的過程讓孩子認識身體的各個部位。還有些靈活的小寶寶也同樣會吃自己的小腳丫。

寶寶用嘴探索世界

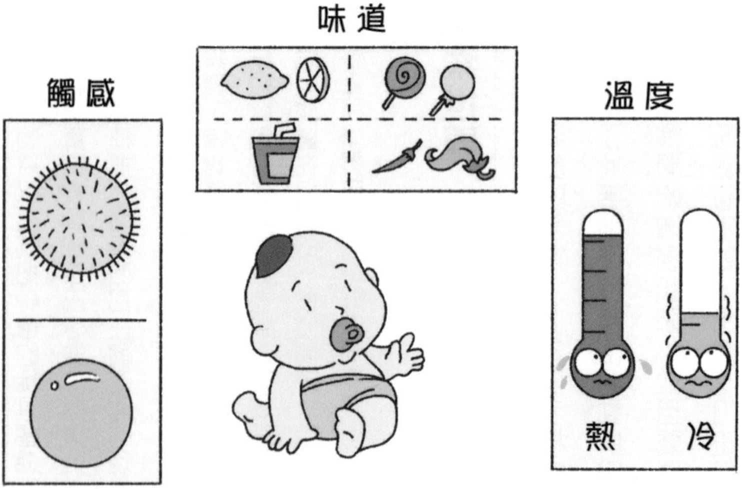

❶ 寶寶在手指肌肉變發達前，就用嘴巴來探索世界，感受各種事物的觸感、味道、溫度等。

當寶寶有能力抓握東西的時候，他們又多了感知其他東西的能力。最初孩子從爸爸媽媽手中接受玩具放進嘴裡，他們能感知到這個東西和他們自己的小手很不一樣。

之後，當寶寶可以自由移動以後，他們開始尋找自己感興趣的東西來探索。當寶寶在戶外玩耍時，把地上的草，或者把沙灘的沙子放進嘴裡，他們也只是想知道，這是什麼東西？這東西是什麼形狀的？這東西是什麼味道的？這東西是軟的還是硬的？這和我之前吃過的東西有什麼不同嗎？

此時如果爸爸媽媽因為害怕寶寶吃進去髒東西而強行限制他們活動的話，那麼他們可能就失去了學習某種物質的機會。這個時候可以小心溫柔地告訴孩子，這些東西是不能放入嘴裡「探索」的，並除去孩子手中的「髒東西」，換成可以入嘴的東西即可，孩子們也會很開心的。

另外，當寶寶能夠使用自己的小手來探索世界的時候，他們往往會不再使用嘴巴來探索世界，這一般都會發生在2歲左右。他們也會慢慢地學習到不是所有的東西都能放進嘴裡的，並且會認識到嘴巴是用來吃飯的。所以到那時，爸爸媽媽也就不用再擔心孩子會吃進去什麼不該吃的東西了。

寶寶是在尋求安慰

小寶寶吃手除了探索自己的身體部位以外，也是在尋求安慰。小寶寶，尤其是出生不久的寶寶需要透過吮吸來安慰自己。特別是當他們想睡覺的時候、感覺到不安的時候，或者當環境過於複雜的時候。如果在這些情況下能吮吸到媽媽的乳房，

寶寶在尋求安慰

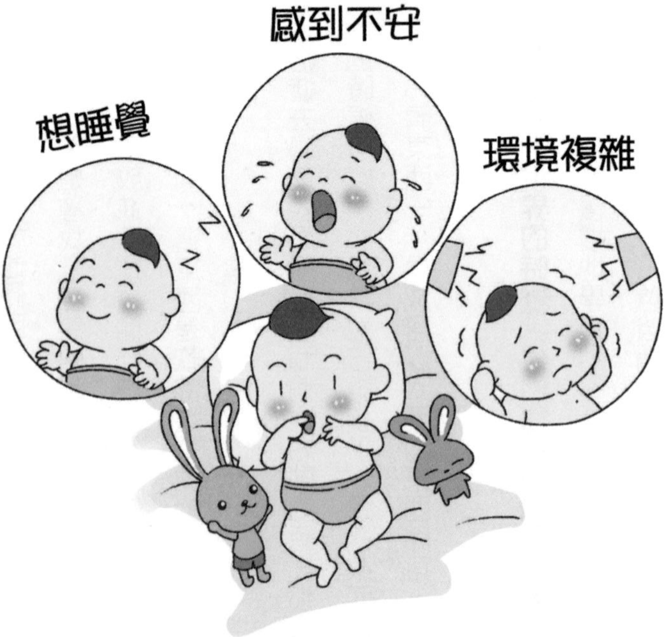

❶ 寶寶感到不安，想睡覺或者環境複雜的時候，就會透過吃手來安撫自己的情緒。

那一定是對寶寶最大的安慰。但是，媽媽並不能隨時隨地給寶寶吮吸乳房的機會，慢慢地寶寶就學會了透過吮吸奶嘴，或者自己的手來安撫自己。

另外，當寶寶長牙的時候，他們也同樣會透過吃手，或者咬其他的小玩具來幫助自己緩解不舒服的身體狀況和焦慮的情緒。

結語

●因此，當我們擔心寶寶會吃進細菌和不小心吞入小物件時，我們可以做的事是做好消毒和衛生的工作，把任何可能入口吞下的小物件放在寶寶沒辦法拿到的地方。而不是強制要求寶寶改掉吃手、吃玩具的行為。因為，這是寶寶在成長過程中自我學習的重要環節，並不是寶寶需要改掉的壞習慣。

孩子喜歡邊玩邊吃飯怎麼辦？

為什麼孩子總是喜歡一邊吃飯一邊玩，甚至喜歡玩不愛吃飯。怎麼對於我們來說特別有趣的「品嚐美食」就是對孩子沒有吸引力呢？答案很簡單，因為孩子覺得玩更有趣。

可是，並不是所有的孩子都會邊玩耍邊吃飯，為什麼有些孩子能夠乖乖端坐和家人一起共進晚餐呢？那多半是得益於家長的悉心培養。相同的道理，邊玩耍邊吃飯的孩子也多半是家長的疏忽。

！孩子為什麼會邊玩耍邊吃飯？

可能我們已經無法記得孩子是從幾時開始非要一邊玩耍一邊吃飯的了，甚至是要一邊看著電視一邊才能吃上幾口。**這些邊玩耍邊吃飯的孩子大多是在父母的「幫助」下養成了這樣的壞習慣。**而壞習慣的開頭大多很相似：某一天，孩子不願意吃飯，或許是因為並不太餓，或許是因為正好玩在興頭上，又或許是因為沒有食欲。但

孩子邊玩邊吃飯的原因

孩子不吃飯，父母就用獎勵吸引孩子吃飯。

孩子為了獲得獎勵，頻繁地故計重施。

是，作為希望孩子能夠茁壯成長的爸爸媽媽，怎麼能允許孩子有一天不好好吃飯呢？於是，家長拿出各種殺手鐧，說學逗唱地哄孩子把飯吃下去。有時候甚至為了孩子能多吃一口，在身後追著，用各種遊戲騙孩子吃進去。

孩子是很機靈的小生物。當他們發現原來吃飯也可以那麼有趣時，便開始故技重施地為了玩耍而不好好吃飯。長此以往，玩耍成了孩子繼續吃飯的獎勵，而這種獎勵促成孩子養成了不玩耍就不吃飯的壞習慣。

怎麼讓孩子好好吃飯

既然邊吃飯邊玩耍是一種習慣，建立了它，自然也可以將它打破。雖然，打破習慣並不容易，但是，只要有正確的方法和耐心，就能夠糾正孩子邊玩耍邊吃飯的壞習慣，讓孩子成為有飯桌禮儀的小紳士和小淑女。

1. 活用獎勵機制：建立習慣的過程中，獎勵是一個重要的因素。因為獎勵給人們帶來的快感，促使人們再一次進行相同的行為，反覆重複之後，從而建立了新的習慣。當然，我們在這裡說的獎勵並不一定是物質獎勵，其他能使我們精神上感到愉悅的都可以說是獎勵。比如說，在孩子吃飯時，玩耍帶來的樂趣就是獎勵，孩子為了獲得獎勵繼續坐下來吃飯。之後，沒有獎勵孩子就不再願意坐下來吃飯，父母為了讓孩子吃飯，不得已繼續讓孩子邊吃飯邊玩耍，長此以往，就給孩子建立了玩耍和吃飯的連繫，孩子也就養成了邊玩耍邊吃飯的壞習慣。想要改掉這個壞習慣，首先要做的是把獎勵從習慣中拿走。也就是說，

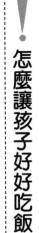

如何讓孩子好好吃飯

1.活用獎勵機制。

2.循序漸進的規則。

孩子不把飯吃完就不能玩耍，把玩耍的獎勵延到吃完飯以後，或者乾脆取消這個獎勵，從而慢慢地打破原有的邊玩耍邊吃飯的壞習慣。

2.循序漸進：改掉孩子的壞習慣，需要做出合理的規劃。羅馬不是一天建成的，習慣也不是一日就養成的。因為習慣建立以後，在大腦中會形成一個自動化的過程，大腦不需要對這個行為做過多的加工就可以完成。所以，要改掉習慣就是強行把這個自動化破壞掉。這需要比建立習慣花費更多的時間和精力去實現。因此，不能希望孩子在幾天內就能改掉壞習慣，建立新的好習慣。我們這裡能做的是和孩子一起建立一個可行的方案，一步一步循序漸進地改變。並且允許在改掉壞習慣的過程中有反彈的現象，一段時間後，壞習慣就可以慢慢改掉了。

結語

●其實，相較於改掉自己的壞習慣，幫助孩子改掉壞習慣更容易一些。因為爸爸媽媽們只要能夠狠下心，合理引導，相信孩子有自己獨立吃飯的能力，就一定能教出好好吃飯的乖小孩。

真的可以在孩子吃飯的問題上「威逼利誘嗎」？

寶寶從七、八個月開始就會出現不再安分守己乖乖進食的狀態，他們總是對周邊的一些新鮮刺激格外感興趣。當他們喝奶的時候，周邊的說話聲、音樂聲，或者房間內的小擺設、窗簾上的圖案都是他們分散注意力的目標。喝奶總是會被各種外界事物打擾，吃飯的時候也總是被新鮮東西吸引。這種狀況可以一直持續到寶寶長大以後。當寶寶長到可以上幼稚園，甚至上小學的年紀，他們還是會因為周圍的新鮮事物而不好好吃飯的。因為他們總是會一邊吃飯，一邊惦記著身邊的小玩具，或者想要看的卡通片。

因此，孩子的吃飯問題總是會讓爸爸媽媽頭疼的。那麼，為了讓孩子多吃一點，不惜用「威逼利誘」的手段真的可以嗎？其實，從心理學上看，「威逼利誘」並不是一個好的解決方案。那麼，讓我們來看看如何不使用「威逼利誘」的手段也能讓孩子好好吃飯。

尋找正確的吃飯動機

動機（Motivation）是我們某個行動的源泉，透過影響我們的生理、情緒、認知等各方面來促使我們完成某個行為，並且一而再，再而三地重覆。簡單地說，動機就是我們為什麼要這麼做。

動機可以分為內部動機（Intrinsic Motivation）和外部動機（Extrinsic Motivation）。內部動機來自於我們自身，來自於完成任務給我們內心帶來的愉悅感，我們是出於滿足自己而去做這個事情；而外部動機來自於外部，比如，獎勵和懲罰，我們因為想得到某種獎勵或者害怕懲罰而完成任務。同樣是引導我們的

動機的分類

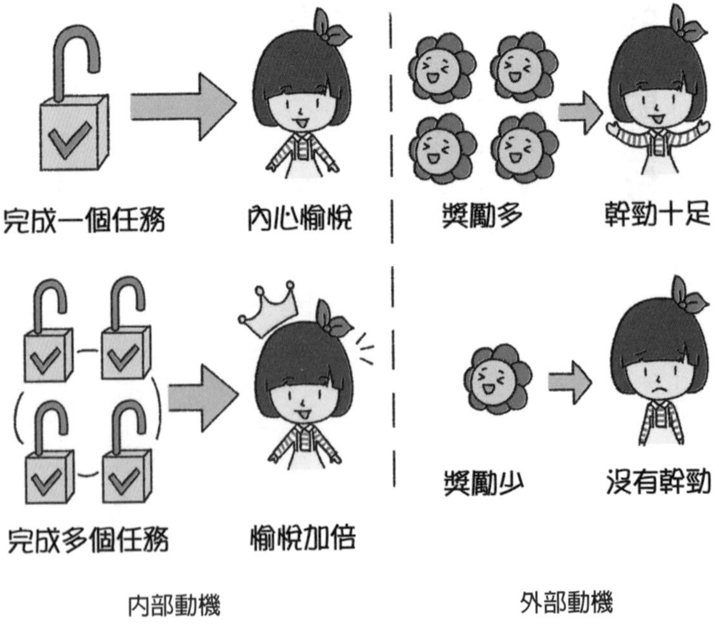
完成一個任務
內心愉悅
獎勵多
幹勁十足
完成多個任務
愉悅加倍
獎勵少
沒有幹勁
內部動機
外部動機

行為，內部動機和外部動機帶來的結果卻不盡相同。在內部動機引導下的行為往往持續時間更長，並且任務完成的效果也會更好；而在外部動機引導下的行為持續時間短，很有可能會半途而廢，並且就算完成了，結果也不盡如人意。

透過「威逼利誘」來吸引孩子吃飯顯然是引導孩子吃飯的外部動機，無論孩子是為了得到獎勵，還是因為害怕懲罰才吃飯，在孩子的內心深處，依然對吃飯有著排斥的心理。所以「威逼利誘」並不能從根本上解決孩子的吃飯難題。並且，社會心理學指出，過度使用外部動機反而會更加抑制內部動機的功能。也就是說，如果長期用「威逼利誘」的方式讓孩子吃飯，孩子會變得越來越沒有自發想要吃飯的動機。這就會導致孩子的吃飯問題愈演愈烈。

！怎樣解決孩子的吃飯問題

縮短並固定家裡的吃飯時間。孩子有滿滿的好奇心和能量，但與之相對的注意力和耐心卻總是有限的。因此，針對孩子的這些特點，我們可以將吃飯的環境簡單化，將吃飯變得更有趣，從而讓孩子更能集中精力在食物本身。爸爸媽媽們可能也發現了，孩子總是開始吃得好好的，到後來就越來越磨蹭。所以，**我們不可以把吃飯的戰線拉得太長，而是輕裝上陣速戰速決，讓孩子在耐心耗盡之前結束吃飯。**必要的時候，我們可以把每頓飯安排在固定的時間內完成，不給孩子拖拉的機會，慢慢地他們也就會養成在規定時間內好好吃完飯的習慣。

讓孩子自己愛上吃飯。家長不要給自己太大的壓力。不要妄

如何解決孩子的吃飯問題

1.縮短吃飯時間。　　2.讓孩子自己愛上吃飯。

想孩子能夠每頓飯都吃得完美，按照我們的期望吃下一整碗飯，不要為了最後一口飯沒有吃完而向孩子大發脾氣。其實讓孩子在較輕鬆的環境下吃飯，更有助於他們建立起好好吃飯的習慣。一旦這種習慣建立起來，再慢慢讓孩子做到吃好吃完的規範。另外，父母也盡可能地做好榜樣，讓孩子看到自己也喜歡吃青菜、喝湯等的行為，慢慢地孩子也會學著去嘗試父母的吃飯方式，這也是孩子會愛上吃飯的原因之一。

結語

●吃飯應該是我們生活中的日常，和睡覺、走路一樣平常。我們要讓孩子知道，大家坐在一起吃飯是每日必需，並不會因為吃得多而得到獎勵，也並不會因為吃得少就一定要懲罰。父母越多的關注，孩子就越覺得在吃飯的時候要出各種花樣是值得做的事情。

孩子出現厭食症狀了怎麼辦？

只要是有孩子的父母一定都深有體會，孩子能吃好睡好就是最大的福氣。然而，理想和現實之間總是橫著一條寬寬的鴻溝。誰家沒有一個吃飯有問題的孩子呢？心理學的最新研究發現，在3到11歲的孩子裡，有39%的孩子都有吃飯問題。2歲左右是孩子最挑食的階段，而6歲以後會慢慢好轉。因此，孩子的吃飯問題是普遍存在的。吃飯問題已經是非常讓人頭疼，如果孩子再時不時鬧一個厭食，那簡直就是雪上加霜。當然，我們在這裡討論的並不是病理性的厭食症，而是孩子出現的短期厭食性症狀。如果孩子被診斷為病理性厭食症，請家長一定要配合醫生進行治療。那麼，當孩子出現短期厭食性症狀後我們該怎麼做呢？

找出厭食的原因

我們很多的焦慮情緒都來自於對事實真相的不了解。人類對於未知總是有著無名的畏懼，我們希望了解周圍的一切，我們也希望掌控發展的節奏。一旦事情不能按照我們的預期發展，我們就會呼吸急促，血流加快，緊張起來。因此，當孩子出現厭食症狀的時候，爸爸媽媽們首先要做的就是了解事情的真相，找出孩子厭食的原因。看孩子到底是厭惡某種特定的食物，還是其他的原因影響了食欲。

！對於厭惡特定食物的孩子該怎麼做

首先，如果孩子從出生那一天起就表現出各種挑食的症狀，那麼

解決孩子特定食物的厭食

1.孩子是高敏感體質時，父母也不要強求他們吃不喜歡的食物。

2.對於一般厭惡特定食物的孩子，可以把食物做成他們能接受的樣子。

這可能是孩子天生的體質決定的。這些孩子大多是高敏感孩子，他們對食物的味道非常敏感，他們會拒絕一切他們認為無法承受的食物類型，有時候甚至連嚐都不會嚐一下。因為這種體質是天生的，所以他們可能會終其一生都是一個各方面都特別敏感的人。而教養這類孩子往往對父母來說是一種特別大的挑戰，因為他們很難適應各種改變和新情況。因此父母能做的是要學會接受孩子的這種敏感特質，不要過於強求孩子嘗試所有讓他們厭惡的食物。因為對於他們來說那些東西可能真的無法承受，而並不是多嘗試幾次就能習慣的。

其次，對於一般厭惡特定食物的孩子，可以嘗試把一些食物做成孩子可以接受的樣子，並且鼓勵孩子進行簡單的嘗試。比如，僅嘗試或者挑選一樣孩子覺得可以接受的新食物，做成看起來很可愛的動物或卡通形象，一步一步的讓孩子不再害怕對他來說新異的食物，克服對特定食物厭食症狀。

！對於出現階段性厭食症狀的孩子該怎麼做

事實上，幾個月的寶寶也會出現厭食症狀，也就是我們常說的厭奶。出現厭奶症狀的寶寶，可能會每頓吃奶都非常地抗拒，明明很餓卻頑強抵抗送上來的奶，連續幾天奶量遞減。只要不是病理性的厭食症狀，家長都不用過度擔憂，因為，這種狀況會在短時間內消失。當孩子長大一些以後，如果是出現短期的厭食症狀，我們也不用過度擔心，接受孩子有幾天不怎麼想吃飯的事實，相信在幾天以後一切都會恢復正常。

但是，一些心理問題也會很大程度上影響孩子的食欲。

解決孩子階段性的厭食

1、病理性厭食，要及時把孩子送去就醫。

2、不想吃飯是正常現象。

3、因為心理原因不想吃飯，就要找孩子談一談了。

比如：憂鬱、焦慮等情緒。再比如：父母的爭吵、搬家、比賽、考試、和小朋友們爭吵等也都會讓孩子出現短暫的厭食症狀。因此，當孩子出現厭食症時，我們還可以做的是，仔細思考最近發生的事情，找出引起孩子厭食的可能。找到了根源，就可以對症下藥，才不至於手忙腳亂。一些心理學的研究還發現，對於孩子的吃飯問題，最大的忌諱就是家長給予壓力。**當孩子出現厭食症狀時，如果家長表現出焦慮情緒，並且強迫孩子吃飯的話，那麼對孩子克服厭食症狀是適得其反的。**

結語

● 不管是哪種情況造成的厭食症狀，我們都要明白孩子的反應回饋總是慢於我們的想像。想要孩子好好吃飯，或者喜歡上一種新的食物，往往都要嘗試10到15次，甚至更長的時間。因此，懷有最大的耐心是當孩子厭食時，我們最需要做到的。

參與感讓孩子愛上吃飯這件事

孩子天生就喜歡做我們的小助手，他們喜歡參與一切家務活動，掃地、洗衣服、擺放餐具。只要是爸爸媽媽在家裡幹的活，他們全部都想親自嘗試一遍。當遇到孩子想要積極參與家庭活動的時候，我們要對孩子說的不是，「一邊玩去吧。」而是，「來吧！我們一起來做。」對家庭事務的參與能讓孩子有成就感，同樣，對飲食活動的參與也能讓孩子愛上吃飯。

孩子有認識世界的需要

從孩子呱呱墜地開始，他們每天都在認識和感知這個世界。去探索世界，了解自己周圍的環境是我們人類天然的動機。我們想知道自己是誰？周圍的一切是什麼？怎麼樣的？為什麼會那樣？而當我們熟知一切後，就會有更高的熱情面對生活。因為我們喜歡生活在熟悉的環境中，喜歡和我們相似的人交往。只有在熟悉的環境中，才能保證人類最高的存活率，保證自己不被天敵吃掉，這也是人類在進化過程中保留下來的特性。

因此，在我們買菜、洗菜、做飯、擺盤的環節中，都可以讓孩子參與進來。孩子會在參與的過程中學習到：我們買的菜叫什麼名字、菜要怎樣洗乾淨、做菜需要放哪一些佐料、把飯菜放在飯桌的哪個位置。這些知識雖然在

參與感的作用

1、帶孩子一起去買菜。

2、讓孩子嘗試著動手切菜。

3、讓孩子試著自己炒菜。

4、讓孩子享受自己的勞動成果。

我們看來只是簡單的生活技能，不會出現在學校考試的試題上，但是在這個過程中，孩子不僅對自己將要吃的飯菜有了更多的了解，有了熟悉感，還能感受到自己和這一盤熱騰騰的飯菜之間的聯繫。孩子會自豪地認為這是我做的菜，對食物的認同感，會讓孩子更愛上那一道菜。甚至，孩子還會向別人介紹這道菜，並且勸他們也嘗試一下。這都是孩子有成就感的表現，而這種成就感來自於孩子的參與。

! 孩子有控制的需求

經典的臨床心理學研究發現，如果我們不能控制自己的狀態，無法改變自己的現狀，就會出現「控制感的剝奪」。我們會感到無力，甚至喪失積極主動去改變自己的欲望和行為。而長期的「控制感剝奪」會導致憂鬱症等情緒障礙。相反，能夠控制自己周圍的環境可以減少焦慮。因此，有一定的控制欲是人幫助自己控制情緒的一種本能，孩子也會享受控制給他們帶來的安全感。

孩子在參與做飯的過程中，他們不僅認識到食物的製作過程，也會認為最後端上桌的菜肴是他們自己努力的結果。**對飯菜的控制感，可以讓他們完全打消看到桌上莫名其妙的料理帶來的焦慮。**特別是對於高敏感的孩子，他們對食物的外表、顏色、氣味都特別地在乎。但是，如果他們對某一食物有了相當的了解，他們就會願意去接觸和品嚐。相反，如果他們對那個食物一無所知，甚至會覺得食物看上去是不好吃的，或者是他們無法下嚥的東西，那他們可能連嘗試都不願意就已經放棄那道食物了。

第3章

幫媽媽解決帶孩子出門的不安

帶孩子出門的途中，總會遇到各種讓我們措手不及的事情。
在交通工具內大哭、對說好的行程突然不感興趣、
跑出去了拉也拉不回來，等等。

為什麼寶寶會在交通工具上大聲啼哭？

美國某航空公司有一個有趣的廣告，廣告中，機長宣佈只要飛機內有寶寶哭鬧一次，全機人員的機票費用就減25％，因此，當飛機上有四位寶寶哭泣時，全機乘客的機票全部免費。這時第四個寶寶開始哭鬧，整架飛機內都歡呼了起來。廣告的用意在於讓乘客對飛機上的寶寶哭鬧抱以包容的態度，同時也安撫了帶孩子出門的父母。但也不難看出，飛機上哭鬧的寶寶給其他乘客帶來莫大的困擾，以至於航空公司需要投鉅資去廣而告之。那麼，為什麼寶寶總是在交通工具上那麼不安分呢？

交通工具給寶寶帶來生理上的不舒適感

小寶寶對周圍環境的承受能力要遠遠低於我們成年人。比如對於空氣、聲音等。在交通工具狹小的空間裡，寶寶很可能會因為聲音過大被嚇到，也可能會因為空氣不流通產生壓抑感而哭鬧。再比如飛機在升降過程中對寶寶的耳蝸造成壓力，有的寶寶甚至會感覺到疼痛而大聲哭泣。同樣，當火車或者汽車以高速經過狹小空間的時候，寶寶也會體會到類似的疼痛感。**這個時候家長可以幫助孩子做吞嚥動作，比如喝奶、喝水，或者吃東西都能幫助孩子緩解身體的不適感。**

交通工具的單調環境讓寶寶變得沒有耐心

小寶寶總是喜歡新鮮的環境，喜歡探索各種各樣的新世界，但是他們的注意力之短卻讓人驚訝。如：8至15個月的寶寶對一種小玩具的注意力在一分鐘左右；16至19個月的寶寶對一種活動的注意力在二到三分鐘；20至24個月的寶寶可以對某個活動持續三至六分鐘的注意力；25至36個月的寶寶對玩具或者活動的注意力在五到八分鐘；3至4歲的孩子對活動的注意力在八到十分鐘。從資料中我們可以了解，為什麼寶寶總是要不停地玩新玩具，為什麼寶寶不能長時間地待在同一個地方，或者完成一項任務。

這是因為他們總是在開始新活動的時候保有特別大的熱情，但是很快就覺得無趣了。這是由孩子未發展完全的大腦構造決定的，但會隨著孩子年齡的增長而慢慢改進。而無論

孩子的注意力時長發展

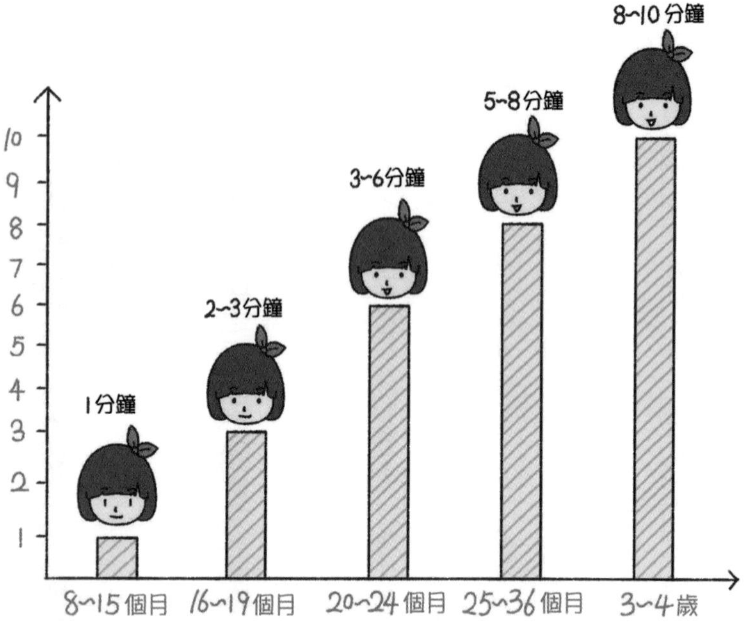
8~10分鐘
5~8分鐘
3~6分鐘
2~3分鐘
1分鐘
10
9
8
7
6
5
4
3
2
1
8~15個月
16~19個月
20~24個月
25~36個月
3~4歲

是乘汽車、火車，還是飛機，寶寶都只能長時間地待在同一個比較單調和有限的空間內，沒有足夠的新鮮事物，也不能到處跑動，他們甚至會覺得交通工具內的色彩都特別地單一，讓他們提不起半點興趣。注意力如此之短的小寶寶怎麼能不因為無聊難耐而哭鬧呢？

！爸爸媽媽給予的壓力會讓孩子更加不安

當孩子在車內或者飛機內哭

鬧時，爸爸媽媽總是會加以制止。但是，因為改變不了當前環境，孩子還是會哭鬧不止。此情景下，車內或飛機內其他乘客投來異樣的眼光，甚至是指責，會讓爸爸媽媽覺得羞愧和懊惱。而此時，父母又很難不把這種情緒變相地施加到自己的寶寶身上。被指責的寶寶這時候更會有「寶

交通工具給寶寶帶來不適感的原因

車內空間狹小

交通工具內部聲音大

空氣不流通的壓抑感

寶心裡苦，寶寶無法說」的悲壯，因而大哭起來。因為即使是聽不懂話的小寶寶，也一樣能感受到父母的焦慮情緒。接收了這些負面情緒的寶寶也會更加焦慮和不安，大哭一場在所難免。

我們家長首先需要了解寶寶在車內哭鬧的原因，根據不同的原因，做出相應的對策，就能相對地減少孩子的不舒適和不開心。另外，家長也可以在出行時，向有可能被打擾到的乘客提前做出說明，在有心理預期的前提下，人們也會變得相對寬容些。

結語

● 帶孩子出門是教養孩子過程中的必修課。爸爸媽媽可以盡可能地排除在旅途中出行方式給孩子帶來的困擾，滿足孩子必要的生理和心理需求。同時還需要調整好自己的心態，才能在帶孩子時得心應手。

02 為什麼寶寶不願意坐上安全座椅？

美國國家高速安全局資料顯示，寶寶在汽車行駛中使用安全座椅可以將事故造成的傷害降低67%。在美國，初生嬰兒出院時，必須乘坐安全座椅，醫院才能放行，因為美國法律規定7歲以下的兒童在車內不乘坐安全座椅是違法行為。

使用安全座椅的家庭雖然在不斷增加，但是，依然很少有家庭能夠做到，從寶寶出生時就開始使用安全座椅。而當寶寶長大一些才使用汽車安全座椅時，寶寶卻不願意坐上安全座椅的例子卻是屢見不鮮。顯然，與牙牙學語的寶寶去理論坐上安全座椅就可以保證他的人身安全的做法基本上是無效的，甚至有時候利誘哄騙也不能讓寶寶心甘情願坐上去。那麼，為什麼寶寶不願意坐上安全座椅呢？

！坐安全座椅是真的不舒服

因為大多數人們安全意識的缺失，大部分的家庭都在寶寶較大的時候，才安裝上安全座椅。**對於這麼一個新的裝備，寶寶的反應可能剛開始覺得新鮮，但大多最後卻是會抗拒。**這就好比我們俗話說的：「從儉入奢易，從奢入儉難」，寶寶以前坐車都是被家長抱著，坐在大人的懷裡不但舒適，還能隨心所欲地活動，顯然是愉悅的乘車感受。忽然坐進了安全椅裡，不但硬硬的不如家長的懷抱，而且還有安全帶的束縛，想要看看風景也不能。因此，對於好奇心十足，又耐心有限的寶寶來說，坐在安全座椅上面真的不是一種愉快的體驗。

此外，有一些寶寶還會因為坐安全椅而出現皮疹，通常表現為大片紅腫、搔癢。寶寶會因為皮疹的困擾，變得特別焦躁，不能在安全座椅上安坐。雖然，現在還沒有任何明確的證據表明孩子乘坐安全座椅後出現皮疹的原因是什麼，但是醫生猜測，可能是座椅表面的尼龍材料和高溫等因素引起的，並將這種症狀叫作安全座椅皮炎（Safety-seat Dermatitis）。一旦出現該皮炎，寶寶就更加不願坐上安全座椅了。

！寶寶不喜歡被束縛的感覺

安全座椅的空間特別狹小，寶寶坐在裡面能明顯地感受到壓迫感，並且五點式安全帶也讓寶寶在座椅裡面幾乎無法動彈。這些基於安全性能考慮的設計必然地犧牲了寶寶乘坐安全椅的舒適感。安全座椅的設計讓寶寶不能隨心所欲地活動，甚至不能看清楚車外的環境，這樣寶寶乘車時的控制感被完全剝奪了。而在人類的發展過程中，控制感是我們的畢生需求，對寶寶來說也尤其重要。從進化心理學的角度來看，如果我們能控制周圍的環境，進而預測將來可能發生的各種情況，人類就有更大的可能性逃脫天敵的追擊，從而

讓孩子坐上安全座椅

0～12歲的孩子都可以坐兒童汽車安全座椅

為了讓孩子放鬆，可以給他們準備一些有趣的活動或物品。

存活下來。因此，這種對控制感的需求，在人類的進化中被保存至今。

因為安全座椅的束縛剝奪了寶寶的控制感，寶寶不能夠起身看周圍的環境，不能隨意去拿到自己想要的東西，連腳都不能踏實地踩在地上。這種控制感的喪失，讓寶寶非常焦慮和不安。他們迫切想從安全座椅上下來，想到達一個自己可以掌握周圍事物的環境中。而在行駛的車子中，這顯然是不可能的。因此，寶寶只能透過哭鬧來表達自己的不滿。

如何讓孩子乖乖地坐上安全座椅

雖然，乘坐安全座椅給寶寶帶來很大的困擾和不舒適感，但是，出於安全的考慮，我們還是要求寶寶乘坐安全座椅。作為家長，我們可以盡早讓寶寶適應在車上乘坐安全座椅，習慣於坐安全座椅。我們也透過盡可能多給寶寶一些新鮮有趣的活動和玩具，讓寶寶將注意力轉移到這些上面。寶寶能在安全座椅上愉快地玩耍，爸爸媽媽也不會因為寶寶哭鬧而焦躁不安了。

結語

● 成人舟車勞頓都感覺辛苦，更何況不怎麼會表達的小寶寶，坐在一個更狹小的空間裡面，感受到各種生理以及心理的不舒適。但是，為了寶寶的安全，家長還是需要做好功課，想盡一切辦法讓孩子乘坐安全座椅。

03 為什麼孩子會害怕去看牙醫？

並非孩子才害怕看牙醫，我們成年人也一樣。每次走進牙醫診所，聞到那股消毒水的味道，就開始渾身發抖。再坐上那張看起來舒適的躺椅，聽到鑽子的「吱吱」的聲響，簡直就想逃出，一刻都不願意久留。可是，作為一個成年人，我們只能把這些想法藏在自己的腦子裡，裝作毫不介意地樣子。可是，小朋友不一樣，他們不會壓抑自己的害怕和緊張。他們有時甚至只要一見到醫生就會大哭起來，還想努力向外逃離。在這裡，我們就從心理學上分析孩子為什麼會這麼害怕去看牙醫。

讓孩子回憶每次見醫生的「悲慘經歷」

從出生開始，不管是打疫苗還是看病，每隔一段時間，孩子總免不了要和醫生打照面。在孩子的腦海裡，這樣的見面總是會帶來一些不好的結果，不是要承受打針的疼痛，就是要忍受吃藥的痛苦。久而久之，一見到醫生，孩子就能條件反射般聯想到那些不愉快的經歷。這種條件反射甚至在見到白袍的那一瞬間就能爆發。

人們條件反射的建立不僅僅局限於視覺，透過聽覺、嗅覺等都可以建立條件反射。比如醫院消毒水的氣味，牙醫鑽子的「吱吱」聲，等等。每次孩子去醫院聞到同樣的氣味，聽到同樣的聲音就會想到他們的身體又免不了要遭受痛苦了，而這些聯想出來的痛苦就給他們帶來焦慮的情緒。多次重複以後，孩子的身體就建立了一看到醫生或進了醫院就焦慮的條件反射。這也是小朋友一走到醫院門口，甚至都還沒有看到牙醫就已經開始抗拒的原因。

讓孩子感到自己受到了侵犯

二、三歲這個階段，是孩子自我意識發展的重要階段。這個時期的孩子對自己，以及自己的物品都有特別強的保護意識。因此，當牙醫打開孩子的嘴巴，往裡面塞進去各種器材的時候，孩子會感受到自己的身體受到了侵犯。牙醫若能安撫小朋友倒是好的，但如果牙醫的態度不是太好，並且不太關注小朋友的感受的話，那麼孩子甚至會感受到自己沒有被尊重。疼痛夾雜著焦慮，對於孩子來說確實是一段不怎麼愉快的回憶。

！如何幫孩子克服看牙醫的恐懼

在這種時刻，孩子最需要的就是來自父母的關心。我們可以儘早就帶孩子去牙醫那裡做平日的檢查。美國牙醫的建議是：在寶寶長第一顆牙後的半年就開始做第一次牙齒檢查，之後每半年檢查一次。**早早開始檢查牙齒，讓寶寶熟悉這個過程，就會讓之後的檢查更加順利**。並且，早期的

如何幫助孩子克服看牙醫的恐懼

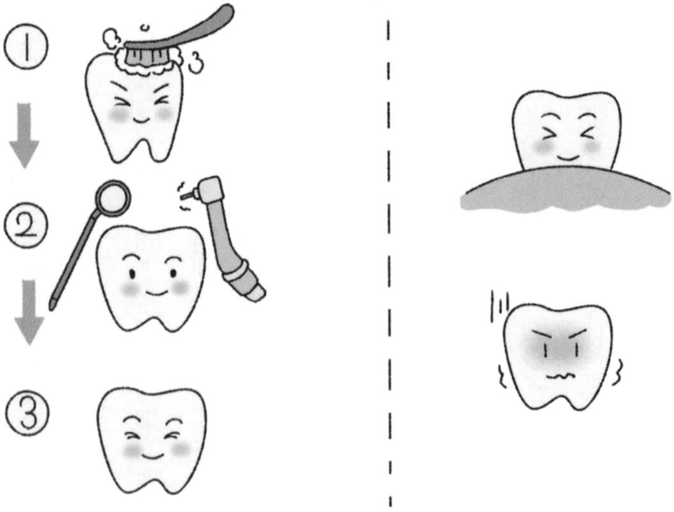

早一點帶孩子去看牙醫，讓孩子熟悉過程。

帶孩子去看牙醫之前，給孩子做好心理建設。

檢查往往是不會給孩子帶來痛楚。另外，在看牙醫前給孩子做好心理建設，讓孩子知道醫生會怎樣來檢查他的牙齒，告訴孩子醫生會碰觸他的牙齦、牙齒和嘴巴。也要誠實地告訴孩子，這個過程可能會有一點疼痛，但是會在能夠承受的範圍內。千萬不要欺騙孩子說：「不痛的，沒事的」。因為，當孩子發現被欺騙了以後，會讓下一次的檢查更加困難重重。

結語

●孩子的身體健康是我們最關心的，牙齒健康也需要我們的呵護。幫助孩子緩解看牙醫的焦慮情緒，同時改善孩子的口腔健康，都是家長義不容辭的責任。

為什麼孩子去公園玩老是叫不回來？

綠草如茵，暖暖斜陽，小朋友們嬉笑玩耍，家長們隨意閒談，這是多麼美的一幅畫面。然而，當黃昏西下，父母著急回家煮飯，孩子卻總是想要多玩一會兒。而這之後的畫面，就開始變得越來越不好看了。為什麼孩子總是在戶外玩的樂不思蜀，叫也叫不回來呢？

孩子更喜歡在戶外玩耍

對孩子來說，這個世界上沒有什麼比玩更有趣的事情了。但其實，孩子愛在外面玩耍也有其內在理由的。首先，在公園裡，孩子可以攀上爬下舒展筋骨，有滑梯感受高速滑下的刺激感，有鞦韆搖晃帶來的離心感等等。這些都是在室內玩耍所感受不到的。其次，孩子在戶外鍛鍊了身體的各個大肌肉群，在這些活動中，身體會釋放一種化學物質——內啡肽（Endorphins），這種物質能與大腦中的受體相互作用，減少人們對疼痛的感知，讓人體產生積極和快樂的感覺。因此，孩子能在戶外運動中獲取更多在室內活動所體會不到的開心。

當孩子在公園裡玩耍的時候，也同樣促進了他們大腦的發育。心理學研究證明，在大自然的環境下，孩子的大腦能得到更好的發展。玩耍以後再開始學習，孩子也會學得更好。而且，公園中總是不乏各個年齡段的小夥伴，孩子總能找到幾個能和自己玩到一起的朋友。**孩子也同樣有社交的需求，並且他們更希望是和同齡孩子社交。**這種需求是在家中，爸爸媽媽

孩子更喜歡在戶外玩耍

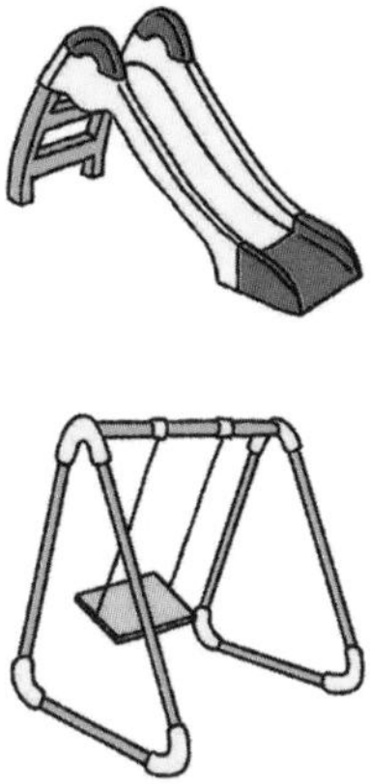

戶外有更多的遊樂器材。

孩子在戶外玩耍時，大腦會釋放更多的內啡肽，會感到積極快樂。

和祖父母們無法給予的。在與同齡孩子玩耍的過程中，孩子的社交能力得到提升，也會充滿幸福感。此外，公園中綠樹紅花的大自然環境，還可以幫助他們緩解壓力，減少焦慮情緒。

！孩子總是更關注自己

家長認為在外面玩耍應該有節制，但孩子卻並不這樣想。有趣的是，孩子不但認為玩耍不需要節制，他們還認為爸爸媽媽，甚至世界上的任何人都和他們有一樣的想法。著名的兒童發展心理學家皮亞傑認為，孩子的這種自我中心（Egocentrism）是他們認知發展過程中的一個特定階段。4歲以前的孩子會認為他們是這個世界的中心，他們的想法也就是身邊其他人的想法。對於這個處於以自我為中心階段的孩子來說，從別人的角度出發看問題，是一項無法完成的任務。而這種自我中心的階段一般會持續到孩子4歲左右，4歲以後的孩子才會開始慢慢學會怎樣從別人的角度出發來看待事情。因此，和家長對著幹並不是孩子的本意，而是在他們的認知中，自己就是對的。

孩子以自我為中心

4歲以前的孩子，認為他們是這個世界的中心，並且認為其他人也和自己的想法一樣。

孩子不僅僅認為周圍的人應該有和他們相同的想法，並且當周圍的人表示出不了解他們的想法時，還有可能激怒他們。

因此，當父母催促孩子回家時，孩子哭鬧抵抗也是非常常見的畫面。孩子當時的內心一定是懊惱和沮喪的，他們一定也想不明白，為什麼自己的父母要這樣做。

如何把玩耍中的孩子叫回家

因此，當戶外娛樂結束時，我們可以做的並不是強行把孩子帶回去，而是從孩子的角度出發，首先充分接受孩子的情緒，認同他們不願意回家的想法。其次，我們可以透過預先提醒的方式，給孩子充分的時間準備和公園告別。比如，我們再玩5分鐘就要回家了，現在還剩3分鐘了，再玩最後1分鐘。用這種循序漸進的方式提醒孩子，可以讓他們更容易接受要離開公園的事實。最後，在離開公園時，可以讓孩子和小朋友們、玩具們告別，讓孩子在心裡確定，玩這件事已經完成。

結語

●不難看出，要想讓孩子聽話其實也不難，家長要做的是了解孩子的本心。所謂知己知彼百戰不殆，這一兵法用在我們親愛的孩子身上也十分適用。只有知道孩子的心理活動，才能在尊重孩子的前提下，讓孩子能夠心甘情願地跟著我們的引導去行動。

為什麼孩子一去幼稚園就大哭？

隨著身邊朋友們的孩子陸續到了上幼稚園的年齡，每年的9月1日，朋友圈裡都是這類的報導。尤其是新入園的小朋友家長，必定要記錄孩子這人生中的重要時刻。可是，重要時刻並不總是伴隨著歡聲笑語，有時見證的卻是嚎啕大哭。孩子出生時是這樣，第一次去幼稚園也是這樣。

每個孩子都會有分離焦慮

分離焦慮（Separation Anxiety）是每個孩子在成長過程中必經的階段。分離焦慮是指孩子因不願意和自己的家人分開，而產生的焦慮情緒，通常表現為哭鬧與抗拒。這種現象從孩子的心理發展來看，其實意味著孩子有了物體恒常性的概念，他們知道每個物體（也可以是人）都是不同的，並且是一直存在的。這是孩子認知能力的發展，因為在孩子有物體恒常性的概念之前，他們只知道眼前物體的存在性，當他們看不到某樣東西的時候，他們就認為那樣東西不存在了。**所以，當孩子出現分離焦慮時，父母不需要過度擔憂和緊張，因為這是孩子成長的必要階段。**一般來說，分離焦慮最初出現在寶寶八個月左右的時候。

當孩子初期成長時會有分離焦慮，會

孩子的分離焦慮

1、孩子成長期，會出現分離焦慮症。

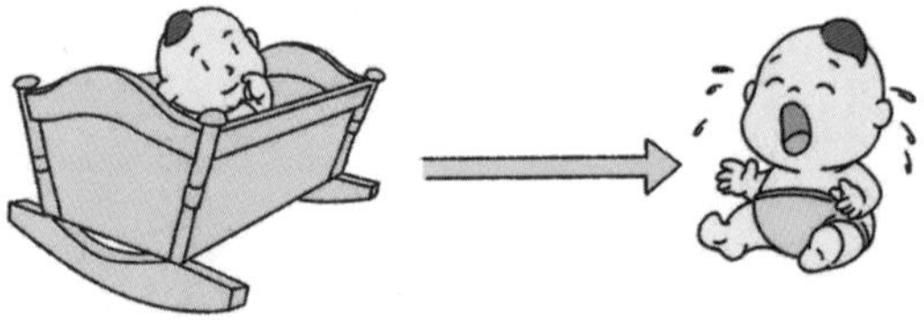

2、孩子成長到一定階段，分離焦慮減弱。

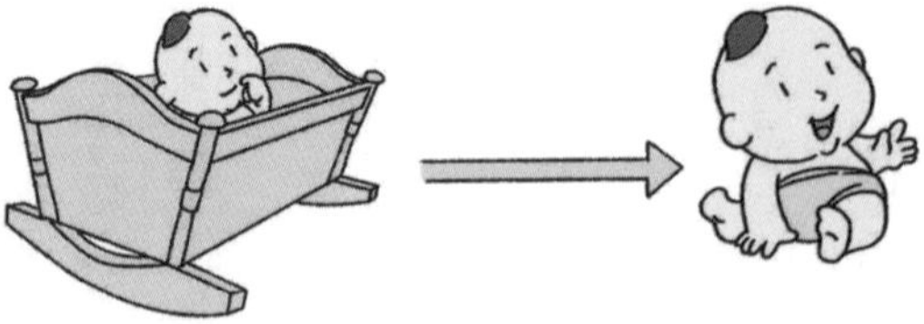

3、第一次去幼稚園，孩子又會再一次陷入分離焦慮。

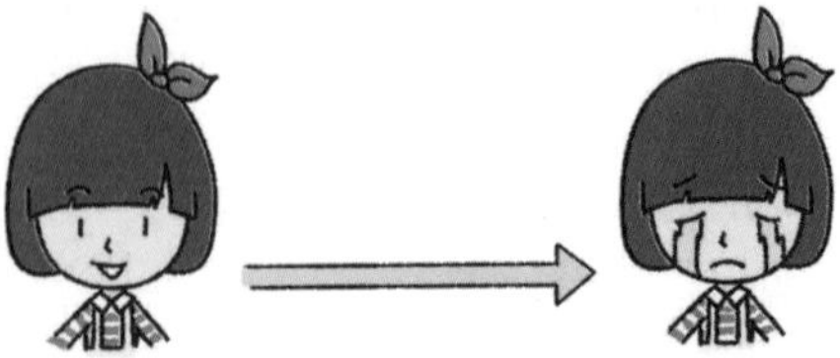

有因為媽媽短暫離開而哭泣等症狀。但隨著孩子的成長，他們便不再會因為媽媽走開幾分鐘而焦慮，因為他們知道媽媽在短暫離開後還會回來。

然而當孩子第一次離開家，去一個完全新的環境中，比如幼稚園，見到了完全不認識的老師和同學，這對孩子來說是一種新的挑戰，他們的分離焦慮也就瞬間捲土重來。因為在孩子的人生裡，他們的爸爸媽媽能給他們帶來特別的安全感，當離開父母的時候，身處一個陌生環境的孩子會覺得自己不再那麼安全，他們也會相應地開始焦慮和哭鬧。這就是孩子不願意去幼稚園的心理背景。

我們可以幫助孩子緩解焦慮

分離焦慮的首個來源是離開父母。面對這種情況，我們可以做的是從寶寶出生開始就給予他足夠多的愛。**心理學中的依戀理論（Attachment Theory）認為，孩子幼年時得到父母越多的愛，將來他們越能夠更好的獨立。**因此，在寶寶去幼稚園之前和寶寶建立深厚的依戀關係，可以讓孩子能夠更安心地踏進幼稚園的大門。為此，在日常生活中我們可

如何幫孩子緩解分離焦慮

和孩子建立安全型的依戀關係，能幫助孩子獨立。

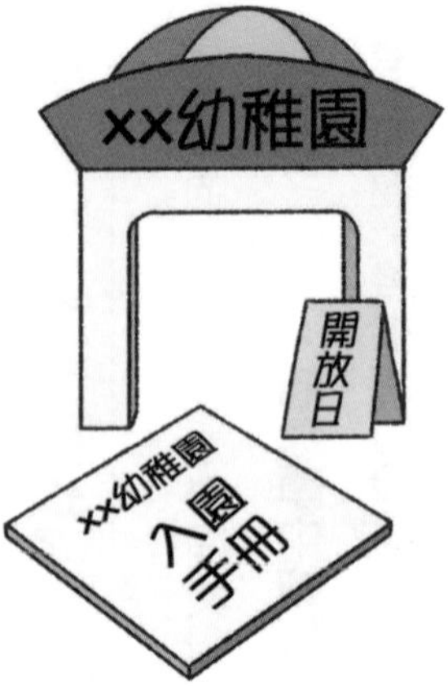

預先帶孩子熟悉新環境，有利於減弱分離焦慮。

以多和寶寶玩耍、交流，表達對他們的愛，這些都能幫助親子依戀關係的建立。並且，如果遇到需要短暫離開孩子的時候，我們家長也要和孩子做正式的道別，告知孩子何時會回來相聚，並且準時返回。這種做法也能幫助孩子建立安全感。接受爸爸媽媽的告別後，孩子會在爸爸媽媽離開時安心玩耍，因為他們知道爸爸媽媽會在說好的時間再次出現。千萬不能欺騙孩子或者偷偷溜走，這種作法可能在初期對爸爸媽媽來說比較容易接受，但對孩子安全感的建立是有百害而無一利的。

分離焦慮的第二個來源是進入新環境。那麼幫助孩子熟悉環境也可以幫助他們在入園時能夠適應自如。如果有條件的話，我們可以提前帶孩子熟悉幼稚園環境，認識老師和其他小朋友。如果不能親臨，也可以透過講故事的方式，向孩子描述在幼稚園的一天會經歷什麼。一旦孩子對進入幼稚園有了足夠的了解，適應入園生活也就變得更容易些。我們還需要注意和孩子說話的方式，**在描述幼稚園活動時，盡量使用玩耍、愉快、開心等正面詞彙，避免像說教式的要孩子守規矩、聽老師的話、不要搗蛋、好好上課。**這樣孩子才能沒負擔的，帶著更愉快的心情開始他們的幼稚園生活。

結語

● 其實，送孩子去幼稚園對爸爸媽媽來說也是會有分離焦慮的。那個陪伴自己的小孩，從踏上校園那一刻起變得越來越獨立，也離父母越來越遠。因此，我們在安慰孩子的同時，也要好好安慰自己，和孩子互相慰藉上更獨立的道路。

為什麼孩子會對期盼已久的行程突然失去興趣？

俗話說，三月天，娃娃臉，說變就變。雖然這是一句描述天氣的俗語，但是也同時向我們說明了小朋友們善變的特性。剛剛還在嬉笑打鬧，突然又嚎啕大哭；愛不釋手的新玩具，不一會又將之厭棄；期盼了許久的旅行，瞬間又提不起興趣。這些戲碼都在有孩子的家庭中常常上演。其實，我們不必因為這些而責怪孩子，因為這一切都是由孩子的特性所決定的。

孩子的記憶十分有限

人類的記憶可以分為多種類型，其中工作記憶（Working Memory）是非常重要的一種。工作記憶主要負責處理我們接收到的資訊，並且做出相應的決策。成人的工作記憶空間是有限的，只在有限的時間內儲存當下需要的內容。**而孩子的工作記憶空間又比成人小很多，甚至有研究認為，4歲孩子的工作記憶容量只有成年人的一半甚至更少。**因此，孩子可能會對自己剛剛說過的話，或者剛剛做出的決定完全沒有印象。而孩子經常會做出的撿了芝麻，掉了西瓜的行為，也正是因為他們特別有限的工作記憶空間。

孩子的長時記憶（Long-term Memory），也就是一直儲存在他們大腦中的記憶，也是沒有發展完全的。當我們成年人在回憶時，我們可以回想起當時發生的點點滴滴，有時候甚至是特別細小的細節，以及當時的感受，

孩子的工作記憶與長時記憶

成人的工作記憶空間更大。

孩子的工作記憶空間小。

成人的長時間記憶更多。

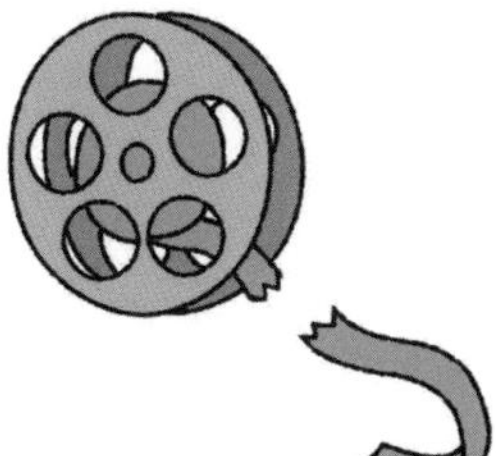

孩子的長時間記憶少，容易片斷。

但是孩子卻不同。在讀幼稚園之前的孩子並不能回憶起一些以前發生事件的小細節，他們或許能回憶起大致的感受，但往往忽略了事情的來龍去脈。心理學認為，回憶細節的能力需要在3歲以後才慢慢發展起來。由於孩子十分有限的工作記憶和長時記憶，他們常常會剛剛還拿著小玩具，一轉眼的功夫就把剛才拿著的小玩具拋之腦後了。因此，孩子忘記之前自己期盼已久的旅行，可能是因為當下的某種突發情況導致了他們對旅行提不起興趣，這並不是他們的錯。

孩子特別情緒化

另外，孩子認知能力也是十分有限的，他們並不能理性地思考身邊發生的所有事情。同時，他們也不能完全掌控自己的情緒。當孩子身邊某一個事件觸發了他們的情緒時，他們會變得無法控制。而當情緒化的孩子遇到需要做出決策的情況時，那就更加是一個無解的狀態。

讓我們來舉一個例子，終於到了孩子期盼已久的出門日，媽媽給孩子穿上了一件新

孩子很情緒化

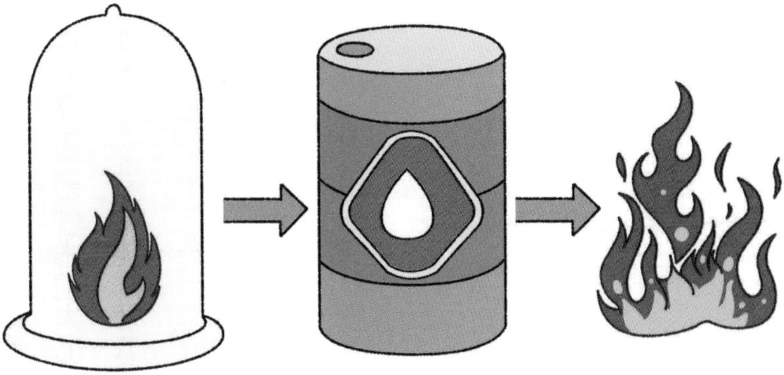

❗ 孩子並不能完全掌握自己的情緒，當情緒被觸碰時，會變得特別無法控制。

衣服，高高興興準備出門時，孩子突然發現衣服上的商標竟然沒有剪掉。孩子特別不喜歡商標給他帶來的異物感，因此，一下子就爆發出了生氣的情緒。由於急於出門，爸爸媽媽並沒有及時地對孩子生氣的情緒進行安撫，於是，孩子大哭大鬧，到完全無法控制。爸爸媽媽這才發現局面有點難以控制，上前制止。可是，孩子的情緒已經很難控制，在情緒爆發的情況下，孩子更不能搞清楚事情發展的因果關係。他們會錯誤地把生氣歸因到出門上，從而得出不想出去玩的結論。

這樣的情景是不是爸爸媽媽都覺得特別熟悉呢？可是對待孩子善變的特性，我們家長有時候可以做的就是鍛鍊出極大的耐心，慢慢引導，讓孩子保持平穩的情緒，幫助孩子進行情緒管理，孩子才有可能聽進去我們所說的「大道理」。

第4章

幫媽媽解決對孩子性格培養的擔憂

我們都希望自己的孩子成長為心理健康、性格好的人。關於如何培養孩子的性格，本章也做出了針對各種情況的解答，以及相對應的心理學式的解決方式。

接下來就讓我們一起去看看。

嬰兒撫觸：源於心靈的安撫和交流

愛撫是人類一種最基本的需求，母子之間、情侶之間、家人之間，透過撫摸、擁抱等這些肌膚之親的方式來表達對彼此的情感和依賴。這是人類進化過程中不可或缺的一種交流方式，也是最讓人有安全感的一種溝通。

孩子需要愛撫

寶寶在媽媽的肚子裡最熟悉的就是與媽媽的親密接觸，寶寶出生以後，也希望透過媽媽的撫摸來獲取相同的安全感。家人給予新生兒足夠的愛撫是孩子健康成長所必須的，也是寶寶和家人的第一種交流方式。寶寶出生以後，能得到更多的愛撫會讓他們有更高的存活率，並且，想要養育出更健康和更聰明的寶寶，我們可以從給寶寶做肌膚的觸摸開始。能夠得到媽媽更多愛撫的寶寶，在將來的各方面發展都會更出色。比如，寶寶會哭得更少，睡得更安穩，體重也會更重，寶寶將來還會有更穩定的情感生活等。**心理學研究證明，得到媽媽更多撫觸的寶寶會分泌更多的催產素，這種荷爾蒙與我們的情緒、情感和社交都直接正相關。**更多的催產素意味著有更好處理情緒的能力，同時也會有更好的社交生活。另外，有研究發現，從小得不到媽媽愛撫的孩子會有更多的行為、情緒和社交問題。這些孩子在長大後有更高的壓力荷爾蒙（Stress

媽媽的愛撫

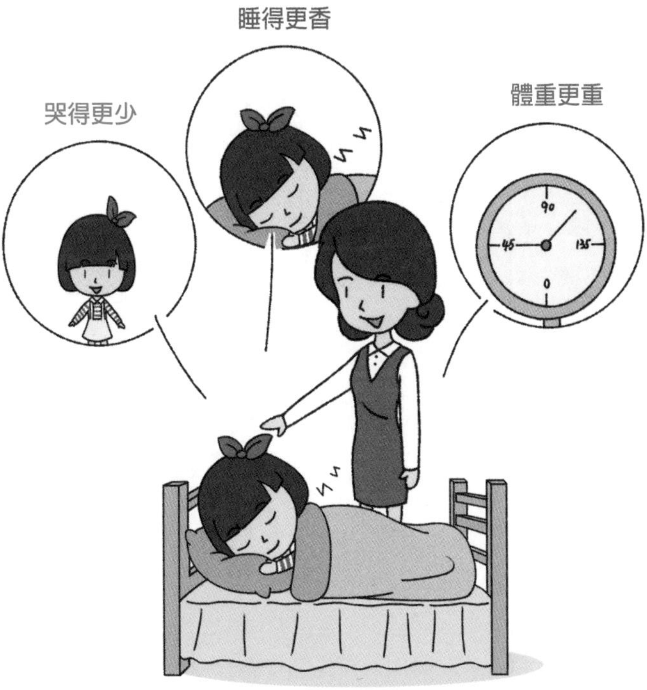

Hormoness）——皮質醇，造成他們承受更多的壓力，導致焦慮等心理問題。

對寶寶的愛撫還能幫助寶寶建立立體感受（Proprioception）——指人類對自己身體部位認識的重要環節。而立體感受的建立，直接影響寶寶自我意識的發展。因為寶寶首先學會了解自己的身體，知道自己的腳在哪裡？自己的腳能幹什麼等這些生理特徵。隨後，他們還會慢慢認識到心理上獨立的自己和別人眼裡的自己。因此本體感受是寶寶成長過程中認識自己，了解自己的基本方式。作為生活在茫茫人海中的一個小個體，能夠認識自己，知道自己在社會中所處的位置是我們自我定位，並且成為一個更好的自己所需要的重要一步。

觸摸是最直接的交流

剛出生的寶寶，視力非常有限，聽力也沒有發展完全，他們沒法和爸爸媽媽進行正常的交流。寶寶最擅長的就是用哭聲來表達自己的需求，比如餓了、睏了、尿了。而爸爸媽媽在滿足寶寶需求的同時，還可以透過愛撫的方式來平復孩子的焦慮，讓孩子感受到安全感，不再繼續哭泣。甚至，零到3個月的新生兒是社交無能的，他們不能和爸爸媽媽進行各種形式的交流，比如眼神、微笑等。**因此，愛撫他們是爸爸媽媽能夠表達愛的最直接、最有效的方式，也是新生兒寶寶能夠感受到來自父母的愛的最有效的方式。**

隨著寶寶的成長，他們可以用其他方式和自己的父母交流。他們第一次學會社交微笑，第一次會抓握媽媽遞來的玩具，第一次叫爸爸媽媽，第一次聽懂父母的話，第一次能表達自己的意

高效的交流方式

孩子情緒激動時，
語言說詞效果不大。

一個輕拍的愛撫，就能很快
安撫孩子的情緒。

思。無論孩子處在成長中的什麼階段，愛撫依然是孩子和父母之間一種無言卻高效的交流方式。特別是當孩子在情緒爆發的時候，他們或許根本聽不進去任何邏輯性的說詞和父母的教導。但是，如果我們給予一個有溫度的擁抱，輕拍孩子進行安慰，孩子就能慢慢地平復情緒。因為，他們感受到了來自父母的愛，知道自己不再獨自承受，也有了控制自己情緒的力量。

結語

● 寶寶的大腦從出生的那一刻起就開始高速發展，因此我們若想要培養出聰明、健康的孩子，也要從寶寶出生就開始努力。每天愛撫我們的孩子就是非常有效的第一步。

嬰兒出於不同原因的哭聲類型

新手爸媽最怕的就是小寶寶的哭鬧。寶寶乖乖的時候怎樣都可愛，一哭起來簡直讓爸媽慌了手腳，不知道該怎麼辦？因此，學會應對嬰兒的各種哭泣是在養育孩子的道路上邁出的第一步。知道寶寶哭泣的原因，對各種哭聲應對自如，做家長的也一樣不能輸在起跑點上。

透過哭聲知道寶寶的生理需求

其實，新生兒哭泣的原因也並不複雜，他們還不會像大寶寶那樣為了達到目的而假哭。因此，只要知道他們哭的原因，我們就能對症下藥，應對自如了。

新生兒哭最主要的原因不外乎餓、睏、尿布濕了和不舒服。寶寶餓了會哭，喝了奶沒有吃飽也會哭。想睡覺的時候會哭，大小便後因為尿布髒了哭，有些寶寶大便前也會哭。寶寶打針，或者有生理上的各種不舒服，也會透過哭來表達。

根據心理學家馬斯洛的「需求理論」，生理的需求是我們最基本的需求，是需要被第一滿足的。因此，當寶寶哭的時候，我們第一考慮的是寶寶是不是有生理上的需求，排除了各種生理需求以後，我們可以再看寶寶是不是還有其它的需求。

! 透過哭聲知道寶寶的心理需求

生理需求的哭

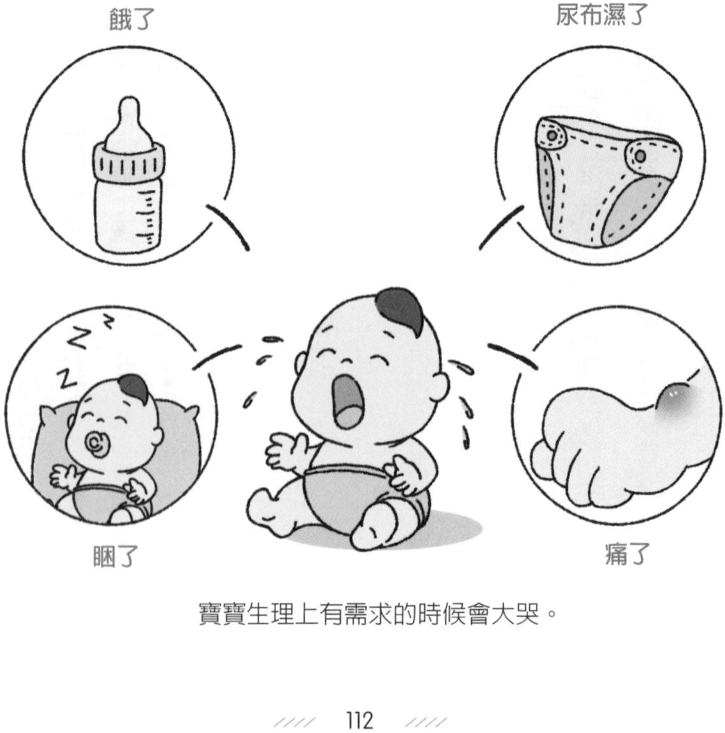

寶寶生理上有需求的時候會大哭。

新生兒雖然頭腦比較簡單，但是他們也有因為心理需求而哭的時候。比如，當他們覺得太吵，太煩的時候。因為小寶寶的大腦和成人的不同，他們有更多的神經元連接，但是他們的抑制性神經遞質卻比成人少很多。也就是說，寶寶周圍出現太多人、太多聲音的時候，他們會覺得無法承受而哭鬧。

心理需求的哭

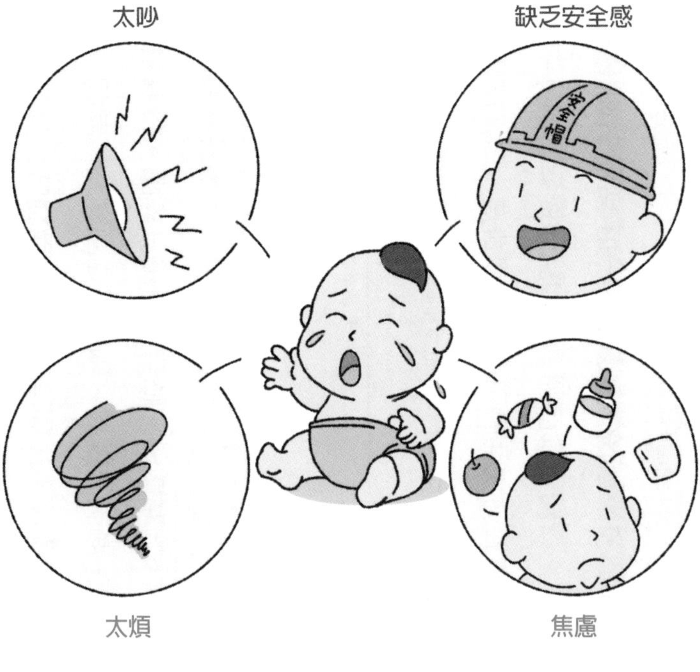

寶寶心理上有需求的時候會大哭。

雖然，新生兒寶寶沒有過多的社交需求，但他們也有被安慰的需求。當他們缺乏安全感，或者焦慮的時候，他們會想要得到擁抱，也有時會想要得到吸吮。這時候的寶寶也會透過哭來希望爸爸媽媽給予他想要的。因此，媽媽可以抱孩子，輕微地搖晃，盡可能地多陪伴孩子，這些都可以安撫孩子的焦慮情緒。另外，沒有條件直接讓寶寶吸吮乳房的時候，也可以透過安撫奶嘴來幫助孩子緩解焦慮情緒。

沒有需求寶寶也會哭

在排除了寶寶生理需求和心理需求以後，如果寶寶還是不能停止哭泣，那可能寶寶就是單純想哭而已。是的，小嬰兒會無理由地哭泣，或者說這些理由是我們的科學家們還沒有發現的。總之，如果遇到這種情況，那家長可以做的就是盡可能地給予安慰。

不管寶寶出於哪種原因哭泣，父母千萬不能放任不管，讓寶寶透過哭來自己安撫自己。一些傳統看法認為，寶寶一哭就抱會把他們寵壞，這並不是科學的認識。寶寶大部分的大腦發展發生在他們出生後的第一年裡，而大腦發展的方向取決於他們在成長過程中得到怎樣的照顧。如果寶寶在哭泣時得不到足夠的關注，他們就會長期處於焦慮和壓力下。而長期的焦慮會損傷他們的大腦中突觸（傳遞訊息的作用）的發展。並且在這種環境下長大的孩子會更有攻擊性，不願意合作和自私。雖然小寶寶不會說話，也不能夠真正地學習，但是，在他們人生的第一年裡，他們能透過隱性學習的方式來感知自己身邊的環境和自己家人的照顧方式。因此，家長對寶寶哭泣採取的不同的照顧方式，會培養出截然不同的孩子。

結語

● 如果我們想讓孩子長大以後成為更健康，在社交上更出眾，在心理上更健全的人，那麼就要在小時候對他們投入更多的照顧，對寶寶的哭泣給予更多的關注。

03

白天能安睡夜晚則哭鬧不停的寶寶

新手爸媽們總會遇到這樣的苦惱，白天明明睡得像天使般的小寶寶，怎麼一到夜晚降臨就像惡魔附身不願安睡了呢？他們或是頻繁醒來，或是哭鬧不能入睡，或是不停想要吃奶。怎麼小寶寶們就不能像我們成年人一樣一覺睡到天亮呢？

初生兒的第二晚綜合症

出生第一天的寶寶總是特別乖巧，不吭聲地呼呼大睡，新手爸媽正在慶倖自己得了一個乖巧的小天使時，第二天晚上的寶寶總是會給爸爸媽媽來一個回馬槍，小寶寶似乎突然意識到了什麼，開始嚎啕大哭起來，甚至無法安慰。這種情況發生在絕大多數寶寶的身上，這就是我們說的第二晚綜合症（Second Night Syndrome），雖然這並不是什麼需要治療的疾病，但總是會給還沉浸在歡樂之中的新手爸媽們一個措手不及。

出現第二晚綜合症是因為剛出生的第一天，寶寶基本處於完全懵懂的狀態裡，他們並不知道到底發生了什麼，自己身處何處。到了第二天，寶寶忽然意識到自己怎麼到了一個完全陌生的環境，並不在媽媽的溫暖肚子裡，也聽不到媽媽熟悉的心跳，甚至連光線也變得特別的敞亮。寶寶對周遭一切新的聲音、光線、氣味、觸感都覺得特別陌生，完全不像之前生活了9個月的環境。寶寶急切的想回到媽媽的肚子裡，但是並不能實現，極為焦慮的寶寶只能透過哭泣來傾訴。

新生兒的第二晚綜合症

寶寶出生後的第一天還處在一個懵懂的狀態。

寶寶出後的第二天，意識到自己到了一個陌生的環境，開始焦慮。

新生兒的日夜顛倒

度過了第一夜的寶寶在適應了周圍的環境以後，或許不再那樣大聲哭鬧，但是他們又遇到新的問題。通常新生兒寶寶都要經過一段時間的適應，才能改變日夜顛倒的生活習慣。這個問題的根源還是要從在媽媽肚子裡的生活說起。當小寶寶在媽媽肚子裡的時候，媽媽白天總是在外活動，肚子裡的寶寶就好像被人抱著走來走去搖晃一樣，讓他們特別想睡。而到了夜晚，媽媽回到家中睡覺休息，沒有了舒適的搖晃的寶寶也就醒過來開始各種玩耍。習慣了如此的生活，新生兒寶寶很難在出生以後馬上改變這種作息習慣。因此，他們還是像在肚子裡一樣，白天呼呼大睡，晚上大鬧天宮。

如何讓寶寶的生活作息和我們同步

想要讓寶寶儘快適應外面的生活，家長可以幫助他們學習白天和夜晚的區別。在白天，盡可能地讓屋子裡保持明亮和充滿聲音，讓寶寶知道現在是起來活動的時間。同時，也可以盡可能多地讓他們進行活動和保持清醒。而到了晚上，就讓房間裡燈光昏暗，並保持安靜，讓寶寶知道現在是休息睡覺的時間。在夜晚就算寶寶醒來想要玩耍，家長也不要和他們有過多的交流，更不要開燈與他們玩耍。經過幾週的調節以後，通常寶寶都會建立起新的作息時

如何讓寶寶同步作息

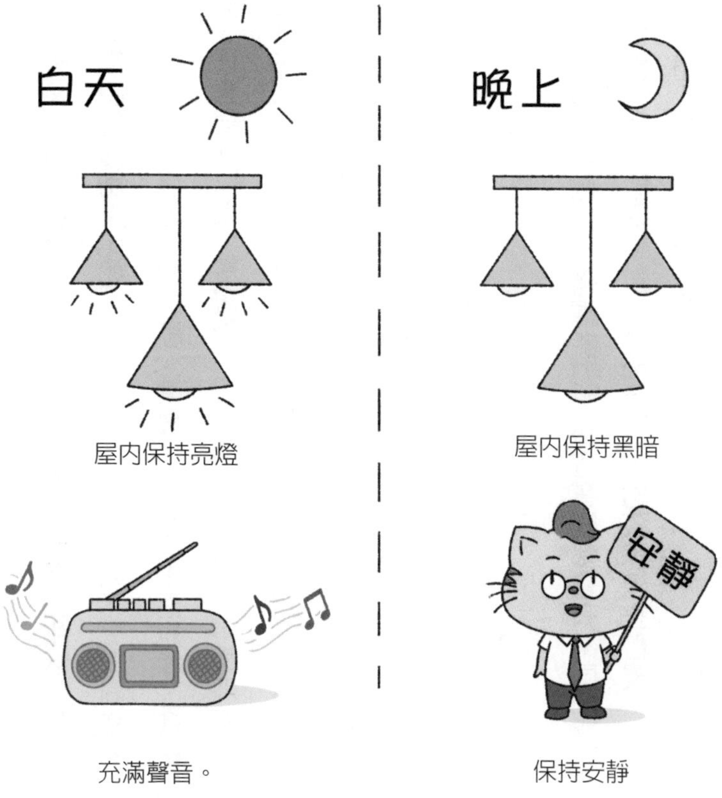

間，也會慢慢地保持和家長同步的生活規律。

寶寶的大腦在不斷地成長和記憶每天發生的事情，因此，每天保持一樣的生活作息時間可以最快地幫助寶寶建立起白天夜晚的區別。比如，每天在同一個時間起床，做同樣的活動，在同一時間吃奶、洗澡，睡前爸爸媽媽唱同樣的歌。這樣一系列的生活規律，會給寶寶的大腦建立一套程式，習慣了這套程式以後，寶寶的生活也就自然變得規律起來。

當然，寶寶在媽媽的肚子裡生活了長長的9個月，我們要允許寶寶有足夠的時間來適應一個新的環境和建立一種新的習慣，可能是幾週、幾個月，也可能是一個9個月的週期。

結語

● 根據寶寶不同的個性和適應能力，每個寶寶都會有不同的適應期，只要家長能夠堅持一種調整的方式，給孩子建立習慣，他們都會做到和我們的生活作息同步。

孩子產生獨佔心理可能是得到的關愛不夠？

我們都希望自己的寶寶是一個有親和力，愛分享，愛幫助他人的好孩子。可是，現實並不那麼理想，我們會發現寶寶在某個年齡時特別不願意分享自己的所得，有時候我們也會發現孩子越來越自私和不願與人親近。其實，這一切都不是空穴來風，而是有據可尋。

小時候得不到足夠關愛的孩子長大後更自私

人類是哺乳動物的一種，而哺乳動物的天性就是在母親的餵養下成長。我們的寶寶天生就有需要母親餵養，愛撫的需求。享受母親的親密照顧直到可以獨立活動是我們人類的天性。因此，小寶寶根本不會願意被父母丟在一邊不管不顧，如果得不到父母足夠的關愛，小寶寶看待世界的方式也會相應地改變，朝著不友善的方向發展。

有一些觀點認為，過多的親近和照顧會把孩子寵壞，我們也會經常聽到老人們說，不能抱孩子，抱習慣了以後就要一直抱著了。不論是我們想要更輕鬆地照顧孩子，還是為了教會寶寶獨立，都需要採取一些比較冷漠的方式與孩子相處。比如：睡眠訓練，也就是讓寶寶獨自待在房間裡，學會自己睡覺，而寶寶學會自己睡覺的過程往往是長時間的哭泣，在哭泣中無奈地睡著。睡眠訓練可以達到讓小寶寶學會自己睡覺的目的，但對於孩子的心理卻可能產生事與願違的結果，類似這種做法並不一定能得到我

得不到父母關愛的孩子

沒安全感　只愛自己　不願意幫助他人

們追求的讓孩子獨立的結果。**當寶寶因為害怕、孤獨、焦慮而哭鬧時，如果得不到父母的安慰，他們不但不會獨立自主起來，反而會變得更加沒有安全感，更渴望得到關愛。**而這種不安感也會深深留在他們的隱性知識（Tacit Knowledge）裡，影響他們一生。

相互關愛是人類做為社會人的自然屬性，從進化上來說，群居的人類需要如此才能生存下來。寶寶從出生那天開始就在學習怎樣生存，如果得不到來自父母的關愛，寶寶只能透過把自己孤立起來，更愛自己，更保護自己以謀求更好的生存。那麼得不到關愛的寶寶也就自然而然地成長了更為自己著想，甚至是更自私的人。心理學研究還發現，當人們處在焦慮中時，會更不願意幫助他人。因為焦慮心理削弱了我們的同理心與同情心。長期得不到關愛，處於壓力中的寶寶也會因為焦慮情緒慢慢地成長為一個不願意接近社會和他人，沉浸在自己小世界的人。

自我是孩子發展的過程之一

知道自己是自己，聽起來有點可笑和拗口，可也確實是一個需要認識的過程。人類並不是生來就知道自己到底是誰。認識自己，了解自己對於我們來說反而是一條漫長的道路。

心理學著名的鏡子測試（Mirror Test）幫助我們佐證了寶寶發展自我意識的過程。在鏡子測試中，心理學家給寶寶的鼻子上貼上一個紅點，隨後讓寶寶看鏡中的自己。如果是沒有自我意識的寶寶，他們並不知道鏡中的就是自己，於是便伸出手去觸摸鏡中的紅點。而有自我意識的寶寶，已經知道鏡中出現的就是自己，他們會伸手摸自己鼻子上的

鏡子測試

有自我意識寶寶，會觸摸自己的鼻子。

沒有自我意識的寶寶，會觸摸鏡子中的自己。

紅點。實驗發現，寶寶通常在15到24個月開始發展自我意識。隨著自我意識的發展，寶寶也漸漸開始對自己的物品所有權有所感知。這個時期的寶寶開始對自己的玩具和物品非常執著，也並不願意和他人分享自己的東西。

結語

●具體問題具體分析，在孩子成長中的某個階段，我們要允許孩子在那個特定的年齡出現一些比較自私的行為，而不要強求孩子在自我意識發展的時期一定要分享自己的所有。但是，如果孩子長時間表現出自私的行為，我們就應該檢討是不是自己對孩子的關愛不夠。或者說，我們應該給孩子更多的愛，以免孩子因為缺少關愛而成為自私的人。

孩子反覆扔東西是在體驗學到的新本領

相信多數爸爸媽媽都有寶寶不斷往地上丟東西，而我們不斷撿的經歷。也一定還有過寶寶在家翻箱倒櫃地把各種東西丟的到處都是的經歷。孩子貌似是屢教不改地格外熱衷於丟東西這件事情，其實，這又是寶寶發展的一個階段，但這種現象會隨著他們年齡的增長自然而然地被糾正過來。

探索世界學習因果關係

寶寶最初發現丟東西這個新技能可能是在椅子上，在他們八、九個月大的時候，剛剛學會坐在椅子上，嘗試自己用手抓東西的時候，偶然發現，原來東西掉到地上是一件如此有趣的事情，於是他們便開始執著於這項新的活動。雖然丟東西這個小舉動，讓爸爸媽媽覺得甚是心煩，但其實寶寶學到了不少的知識。首先，寶寶會發現把東西丟下去，它並不是消失了，而是換了空間位置，他們會努力尋找丟在哪裡？找出丟東西的位置和落地點的關係。**這是寶寶開始掌握物體恆常性的過程，也就是他們在體會當把一個物體丟出去，它們不會消失，而是出現在另外一個地方。**其次，寶寶發現每一次把東西丟到地上，爸爸媽媽都會把它撿起來，寶寶又學到了因果關係的奧祕。原來自己的一個丟東西的行為可以引發爸爸媽媽的另外一個動作。可是，為什麼寶寶要周而復始地重覆這個動作呢？這也是我們

物體恆常性

掌握了物體恆常性的寶寶。　　沒有掌握物體恆常性的寶寶。

學習的一種方式，透過反覆的練習加強記憶，從而掌握某種技能。寶寶的學習過程往往是不斷嘗試，並在腦海中印刻的結果，因此，他們總是那麼地樂此不疲。我們成年人在學習某項技能的時候，不也是這樣做嗎？

在寶寶1歲左右的一段時間內，他們又會發掘出亂丟東西探索世界的新技能。這個年齡的寶寶能夠自由活動，會爬或者會走。他們可以隨心所欲地去翻自己想要探索的抽屜或者櫃子，破壞能力明顯升級了。其實，寶寶這麼做是在繼續深入地對因果關係進行學習。他們發掘到櫃子裡有各種各樣的物品，它們的外型各異、材質不同、有軟的、有易碎的、有發出聲音的。

當寶寶把這些東西丟到地上時，會發現有的東西可以滾得很遠，有的東西輕飄飄地怎麼也丟不遠，有的東西丟到地上會發出清脆的響聲，而有的東西無聲無息地就掉了下去。透過這種看似搗亂的學習方式，寶寶可以快速地建立對身邊各類事物的認識並建立更好的邏輯關係。

！孩子扔東西行為的正確處理方式

丟東西並不是孩子在故意搗亂，家長也並不需要刻意去制止和干涉。可是，把家裡翻得亂七八糟一定不是我們想要看到的景象。**雖然無法制止寶寶丟東西這種發展的需要，但是我們家長可以把孩子丟東西的方式控制在可以接受的範圍內。**比如，我們可以把一切貴重物品，或者不能讓寶寶隨意亂翻的抽屜和櫃子上鎖，留出一兩個抽屜，放入一些

孩子扔東西的正確處理方式

不可以亂扔的東西
鎖進櫃子。

留幾個可以翻的抽屜或櫃子來
滿足寶寶亂翻東西的需求。

不需要的用品和寶寶的玩具。這樣既滿足了孩子亂翻東西的需求，也保證了爸爸媽媽物品的完整和孩子的安全。再比如，當孩子丟了一些不能丟的東西時，我們可以教導孩子，這是不能丟的東西，這也是說明孩子建立社會規則的過程。同時，也一定要告訴孩子哪些是可以丟的。如果只是制止孩子不能丟東西，而不給孩子明確地指明可以丟哪些？他們就會感到迷惑。那麼下一次，他們或許還是會拿起不該丟的東西亂丟。

結語

●就如同教育孩子一樣，告訴他們玻璃不能隨便丟在地上，但是球是可以丟的。家長有的時候也要自己選一個既不破壞孩子天性，又不影響家長正常生活的可解決方案。

為什麼孩子總是和父母唱反調？

孩子總是會過了那個順從我們任何指令行動的年紀，而且這可能會發生得很快。當叛逆的2歲到來的時候，從孩子嘴裡聽到最多的可能就是「不」和「不要」。甚至，這種情況也可能發生在2歲之前，比如寶寶對我們說的話置之不理。雖然，小時候我們自己也是那個叛逆的小孩。但是當面對寶寶的叛逆時，心裡總是那麼不是滋味。然而，當我們了解了孩子的心理發展過程以後就會知道，有的時候孩子並不是在故意和我們唱反調。

孩子也有叛逆心理

如果說，孩子並沒有真的要故意和我們唱反調，那怎麼解釋二、三歲的孩子每天都把「不」和「不要」掛在嘴邊呢？

首先，孩子學會使用「不」和「不要」往往來自於家長。回想一下我們每天要對孩子說多少個不要、不能，讓孩子覺得自己完全

不能夠控制自己的生活，特別是對於自我意識萌芽的孩子來說，他們強烈想成為一個獨立的小個體。透過對爸爸媽媽說「不」，不但練習了這個否定的邏輯關係，還讓他們從中獲取了自信心，讓孩子覺得自己是一個自主的小人兒。

！孩子只是比較自我

孩子在成長的過程中會經歷自我中心（Egocentrism）階段，兒童心理學家皮亞傑（Jean

對周圍事物不關心的孩子

Piaget）認為通常在7歲之前，而現在也有研究認為是在4歲之前。在這段時期，孩子更加關注的是他們自己。因為孩子自我意識的萌芽，同時他們認知能力發展得也不完全，自我中心時期的孩子總是從自身出發考慮問題，而且他們認為周圍的人都有和他們一樣的想法。自我中心的孩子還沒有從他人角度考慮問題的能力，因此，讓那個時期的他們為別人著想是不可能實現的要求。心理學研究發現，這種自我中心通常會在孩子4歲以後得到改善。

我們時常會聽到，二、三歲小孩之間的有趣對話，他們總是各說各的故事，並沒有真正地交流和互動，這也正因為他們處在自我中心的階段。他們認為對方一定在聽自己說話，他們的思緒圍繞著自己。當我們嘗試讓孩子停止手上的活動，來加入我們時，通常會被拒絕，甚至是連回應都得不到。我們認為孩子是無理的，是在故意和我們做對。但其實，孩子只是比較專著於自我而已。

！孩子在試探我們的底線

當然，隨著孩子年齡的增長，他們學會得更多，學習的能力也變得更強。試探我們的底線也是他們自然學習的一部分，他們是在學習什麼是底線的真正定義。正是因為學習的天性，他們會首先提出要求，隨後等待要求的結果。如果得到積極的回應，那麼他們就會更進一步，如果得到負面的反應，那麼他們就會選擇換一條路走。這也正是我們人類的學習方式。

當孩子在小公園裡玩得如火如荼的時候，我們叫孩子回家。這時候，他們就會開始試探我們底線。他們會說，我再玩一下。之後，他們又說，我還想再坐一

家長要有自己的底線

堅守底線。　　沒有堅守住底線的家長。

次滑梯。隨後他們還會說，我想要再坐一次鞦韆，沒完沒了。因為孩子在沒有碰觸到底線以前，他們很難停止。我們會覺得怎麼叫孩子回家那麼難？**其實，問題的癥結從一開始就不在叫孩子回家上面，而在於我們怎樣建立自己的底線。**

而關於家長應該怎樣建立底線，很容易做，卻也很難做，容易做在於建立底線的唯一關鍵就是堅持，而難做也是難在堅持上。只要家長能夠堅持每次說出「最後一次」這幾個字的時候，無論孩子怎樣哭鬧，都能真正做到這是最後一次。那麼孩子就會對最後一次有了深刻的認識，便不會再做過多的糾纏。

結語

● 具體的問題具體分析，想要摸透孩子的心思，我們不但要學習書本，更重要的是靜下心來感受孩子的內心，用自己的方式理解，關愛孩子，陪他們一起健康長大。

07 給孩子分配家務謹防「王子公主病」

做家務是每個孩子必須學習的生活技能。做飯、洗衣、打掃，這些也都是孩子將來的每日生活所需技能。我們家長在教養孩子的過程中，其實並不應該強求培養出什麼偉人、才子、能人。更重要的是需要指導孩子們學會怎麼生活和怎麼學習。因此，我們可以從最簡單的教會孩子做家務開始。

孩子天性喜歡做家務

其實，孩子天生是喜歡做家務的。對於好奇心十足的小朋友來說，當他們在家中看到爸爸媽媽掃地，做飯的時候，他們都有非常強烈的想要嘗試自己來做的願望。因為，對於我們來說單調的家務，在孩子的眼裡卻是另一種愉快的活動。**並且，能夠幫助爸爸媽媽做家務，孩子會對自己是家中一分子的身份更加認同，更有歸屬感的同時，也有更高的幸福感。**因為，在自己的團體中得到認同，

孩子做家務的益處

孩子能從做家務中，得到很多收獲。

是人類作為社會動物的基本需求之一。

1歲左右的小孩就開始對家務充滿了興趣，也非常樂意去嘗試幫助大人擦桌子或者拖地。這是他們想要學習像大人一樣生活的節奏。心理學研究表明，當孩子對家庭做出有意義的貢獻時，他們會感到很高興。發現孩子有想要嘗試做家務的狀況，就應該積極鼓勵。當孩子把桌子擦乾淨的時候，如果他們從家人那裏得到了獎勵和稱讚，就能讓他們充滿愉悅感。同時，伴隨著完成任務的成就感，孩子會更願意嘗試下一次的家務勞動。

孩子做家務的益處

有的家長或許會覺得做家務是耗時費力卻得不到及時好處的事情，孩子更應該把寶貴的時間放在學習知識，參加才藝班上面。可是，心理學認為經常做家務的孩子有更高的自尊心，更有責任感。當遇到困難時，他們能更好的處理，在學校裡的學業也會表現得更好。甚至，經常做家務的孩子會更有幸福感，因為孩子並不覺得做家務給他們的生活帶來了負擔。

完成勞務活動，是孩子獨立負責完成一項任務的過程。在這個過程中，如果孩子認真對待這項任務，努力去完成，那麼孩子既能從中學到責任和義務，也能從中獲得成就感。研究發現，從三、四歲孩子是否參與家務中可以預測他們在成年後是否能成為一個成功的人。

做家務的好習慣，要提早建立

孩子無論是做了多麼小的家務，家長都要積極鼓勵他們。比如，擦了自己的小桌子，收拾了自己的玩具或者幫助媽媽一起提了菜回家。而我們這裡說的鼓勵並不是給小孩物質鼓勵，而是給孩子一個擁抱、一個親吻。鼓勵可以促使孩子養成做家務的

如何幫助孩子養成做家務的習慣

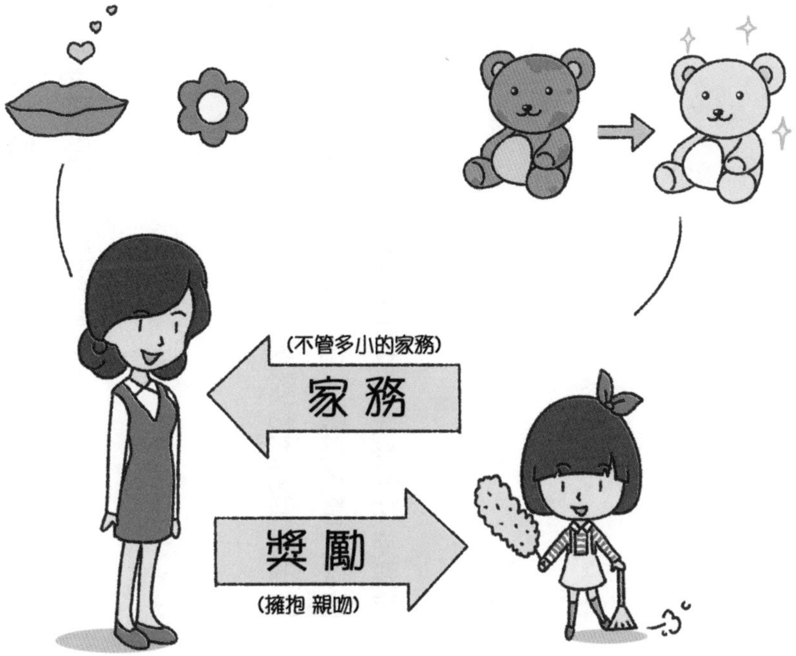

習慣，也不會覺得家務給自己帶來壓力。沒有鼓勵，孩子或許很難長時間從事單調的家務活動，而沒有了長期重覆，孩子將很難把做家務當成一種生活習慣。

結語

● 孩子的興趣轉瞬即逝，把握住孩子對家務充滿興趣的時機，使做家務成為孩子每日生活的習慣行為。讓孩子喜歡做家務、習慣做家務，要比長大以後才給孩子安排做家務的任務要求定時定量地完成容易得多。

讓孩子作有興趣且願意做的事情，成長會更快

現在市面上有著形形色色的才藝班，不僅學齡班小朋友，甚至學前班和出生幾個月的寶寶都有各種形式的才藝班。可是，我們稍加觀察就可以發現，有的並不一定是真的符合孩子的興趣，而是為了孩子能夠在以後的學業上可以佔據優勢。孩子的興趣有的並不能幫助孩子考出好成績，但是，我們家長卻應該尊重孩子的選擇。因為讓孩子做自己真正願意做的事情，可以讓他們發展成一個更好的個體，而不僅僅是考出優異的成績。

！興趣是最好的老師

不論是玩耍還是學習，孩子的行為都是有據可循的，這個依據就是動機（Motivation）。動機是我們行動的指揮棒，讓我們朝著一個目標去前進。心理學將動機分為外部動機（Extrinsic Motivation）和内部動機（Intrinsic Motivation），這個在本書的第2章也簡單提到過。外部動機來自我們的環境，是一種可以操作的條件，比如獎勵或者懲罰；內部動機則源於我們自身，不由他人控制，來源於我們自己的認知、生理、情感和精神。

當孩子由衷地喜歡做某件事情時，這裡的由衷可能是因為他們在內心深處覺得這是對他們有幫助的事情，也或許因為他們覺得做這件事情時他們能感到真心的歡愉（生理反應），這就是內部動機。這樣的內部動機能保持孩子長期、堅持不懈地去完成任務，即使途中遇到了困難，他們也不會輕易放棄。由內部動機驅使的孩子也能更認真、用心地去完成任務，從中學習到更多的東西。外在動機雖然也能驅使孩子去行動，但是出於得到某些獎勵或害怕懲罰的動機去行動，孩子更容易在遇到一些小困難時放棄，或者當結果不明朗時無法繼續堅持下去。心理學研究也發現，當孩子在完成同樣的任務時，出於內在動機的孩子會比外在動機的孩子能夠堅持得更長，完成的結果也會更好。**因此，讓孩子做自己想要做的事情，他們往往能夠做得更出色，且容易獲得成功。**

建立自尊心的需求

孩子出於內在動機去做某件事情時，通常都會獲得較好的結果。比如，孩子想要用積木建造一個航空母艦。那麼在這個過程中，孩子不但要學習航空母艦的構造，掌握每個部件的大小、顏色，甚至還要有正確的比例，才能用一塊塊的積木塊搭出一艘航空母艦。在搭積木的過程中，孩子不但得到了自己想要的成功，也提升了自尊心。而自尊心是我們看待自己的價值，有高的自尊心意味著我們會更自信，更相信自己的能力，也同時會認為自己是對別人和社會有價值的人。而低自尊心會讓我們抑鬱、焦慮，認為自己沒有存在的價值。因此，孩子需要有健康的高自尊心才能成長為一個有著健全人格的人。

有高自尊心的孩子對自己的能力更有自信，對家人和朋友也更有自信，能成為一個更開心，擁有更多正能量的人。而這些都能讓孩子受益終身，這不比僅考出優異的成績更有意義嗎？

孩子的高自尊與低自尊

高自尊的孩子　　低自尊的孩子

結語

● 雖然說，全面的學習能夠讓孩子成長為一個多才能的人，但是，允許孩子有自己的專長，讓孩子做自己喜歡做的事情，也是孩子能夠健康和快速成長的一個不可或缺的部分。

同一個問題提醒好幾遍 為什麼孩子還是會再犯？

每一個孩子都好似一個失憶的天使，他們都特別喜歡重複問同一個問題，喜歡讓爸爸媽媽重複讀同一本書，同一個問題被提醒多次後還常常屢教不改。家長一定會覺得好氣又好笑，孩子為什麼就不能努力好好記住呢？但事實上，因為孩子大腦發展的某些特色，並不是孩子透過努力就能一次記住我們說的話。

當我們需要記憶某個問題時，我們的大腦其實經歷了一個漫長而複雜的過程。首先，我們透過各種感官系統接受資訊。然後，過濾掉一些無用資訊，同時將有用的資訊儲存在我們的短期記憶中。最後，其他非常重要，且長期被重複的資訊就會進入我們大腦的長期記憶（長期記憶中的資訊也就是我們過了很久還依然能夠記住的事情）。這就是我們人類在記憶時大腦的工作過程。從記憶的過程中，我們可以發現，進入長期記憶的資訊有兩個重要的特點，第一是重要的資訊，第二是重複的資訊。

孩子並不擅長抓住重點

從我們的大腦結構來看，孩子的大腦比成人的大腦有更多的神經元連結，但是他們的抑制性神經遞質卻比成人少得多。**也就是說，孩子的注意力特別渙散，他們總是同時注意到很多事情，但是他們不知道到底什麼才是重點**。也正因為孩子大腦的這個特點，他們總是特別地有創造力和聯想力。

當我們在對孩子淳淳教導的時候，前一秒鐘他們還在認真地聽我們說的話，後一秒鐘他們的注意

孩子同一個問題老是再犯的原因

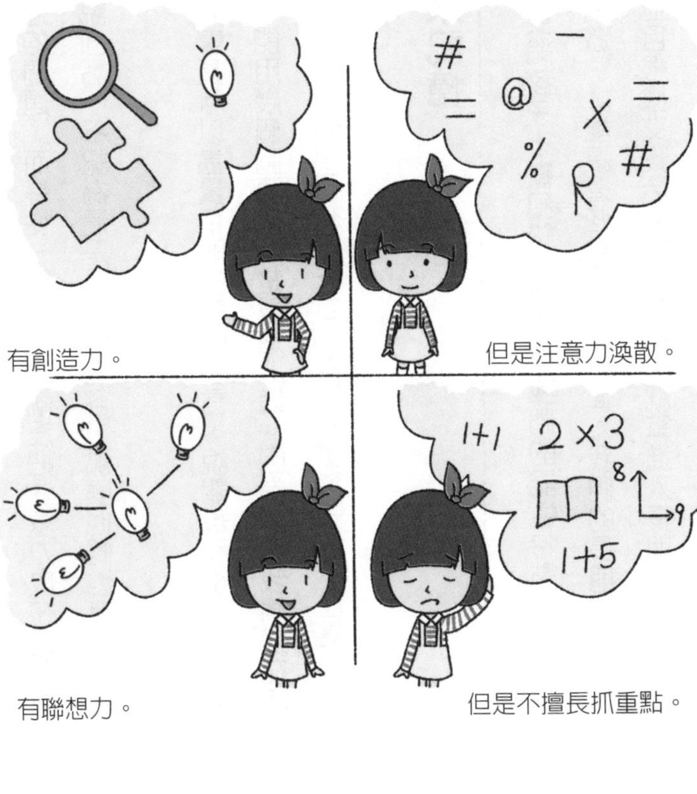
有創造力。
但是注意力渙散。
有聯想力。
但是不擅長抓重點。

力就被身邊的其他事物吸引了去，也並不知道我們還在繼續說什麼。所以，並不是孩子故意要一而再再而三地去忽視我們說過的問題，而是從一開始他們就沒把注意力放在這個問題上。如果孩子並沒有在注意我們說的話，不認為這是重要的內容，那麼他們也無法將這些話記住。

因此，在教育孩子的時候，我們家長可以盡量精簡自己的語言，說關鍵和重點。可以用一句話說完的，就不要說一大段，能用幾個詞語說清楚更是上策。因為，當我們還在叨叨絮絮地講一堆大道理的時候，孩子的注意力早已經不在了，還容易讓孩子抓不住重點。

孩子需要透過重複來記憶

想要讓孩子不再犯錯誤，就需要給孩子不斷犯錯的機會。我們的記憶特點決定了我們需要透過簡單重複同一個資訊的刺激，才能讓這些重要的資訊進入我們的長期記憶，也就是我們平時說的記牢這個資訊。並且根據艾賓浩斯記憶曲線，就算進入長期記憶的知識點，也會在幾天之後出現大規模的遺忘。因此，孩子就是要透過不斷的重複，才能保證資

多感官通道記憶

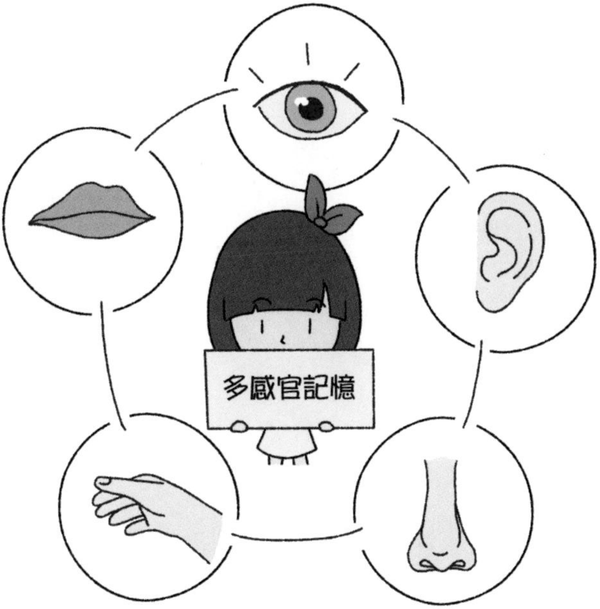

使用多通道感官來呈現訊息，有助於提高記憶效率。

訊進入他們的長期記憶裡不被遺忘。在重複的過程中，孩子不僅得到了練習的機會，讓之前的記憶不斷加深，而且還把資訊轉化成自己的語言記入大腦。

另外，每個人的記憶能力和記憶策略都有所不同，有的孩子重複十遍可以記住的東西，另一些孩子或許要重複二十遍。**我們不能用一個標準來強求每個孩子都達到一樣的水準**。當然，家長除了需要耐心地接受孩子不斷重複的特點，還可以透過一些方法來幫助孩子記憶。例如，使用多感官來呈現資訊，可以說明孩子提高記憶的效率。因為，透過單一感官來接受資訊進行記憶的效率不夠高，那麼結合聽覺、視覺、觸覺、味覺等多道器官來接受訊息，效果會比僅用視覺器官接受訊息進行記憶要好很多。

第5章

幫媽媽解決對孩子行為舉止的擔心

沒有規矩不成方圓。雖然我們無法太早就讓孩子建立嚴格的行為規範，但是為了讓孩子在將來能成為一個自律擅長自我管理的人，也需要幫孩子及時建立起行為舉止規範的意識。

寶寶咬人是在宣洩自己的各種情緒？

小寶寶慢慢長大了，除了會和爸爸媽媽、家裡人互動以外，也開始和其他同齡小朋友有了越來越多的交集。可是，孩子之間的社交總是容易變幻莫測，有時候開心了一起擁抱打滾，不開心了就咬人打架。當孩子第一次咬了其他小朋友的時候，爸爸媽媽一定非常震驚，驚訝自己孩子怎麼出現了如此野蠻的行徑，同時還要忙著安撫被咬的小朋友，以及其被咬孩子家長的氣憤情緒。可是，我們並沒有教過孩子去咬人，為什麼他們會這麼做？

！咬人是孩子的一種情緒表達方式

孩子咬人是一種非常普遍的現象，大約有半數的寶寶在成長過程中會出現咬人的行為，這種情況最頻繁發生在孩子1歲半到3歲之間。心理學家認為，咬人是孩子表達自己生氣、沮喪、渴求控制感和追求關注的一種方式。因為還不太懂得用語言表達自己的情緒和需求，所以孩子會透過咬人這種看似非常有攻擊性的行為來向我

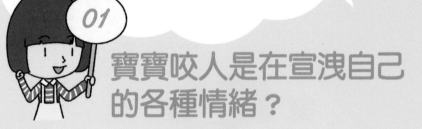

們訴說。**我們不能因為孩子咬人了就預測寶寶長大以後會成為一個有攻擊性的人。**

有時候孩子咬人也並非是生氣或者憤怒，當孩子特別激動或者高興時，也會用咬人來表達。這種情況一般發生在餵養母乳的媽媽和孩子之間，當孩子長牙的時候，他們會在母乳餵養的過程中咬媽媽。一方面是因為長牙的不適感，另一方面是他們在表達自己的激動。如果媽媽因為被咬疼得大聲叫，甚至覺得好玩而笑著回應的話，那就變相鼓勵了寶

寶寶咬人的原因

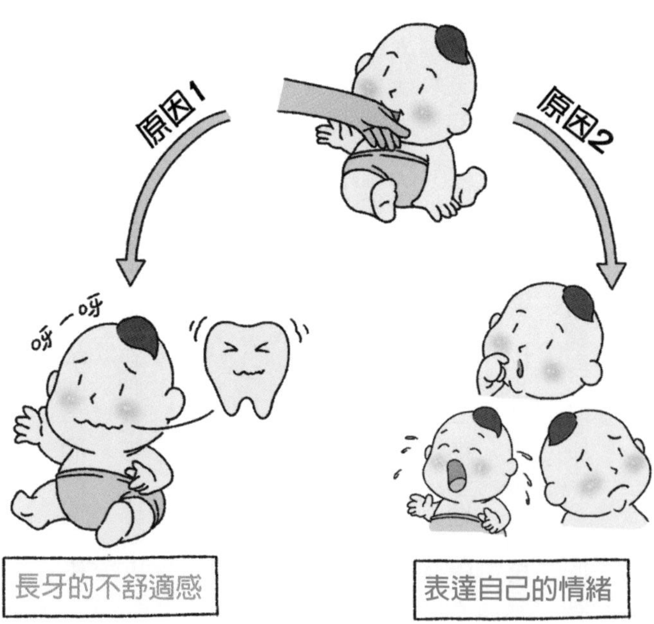

寶咬人的行為。寶寶會覺得媽媽大聲叫或者輕打自己，是在和自己玩耍。那麼下一次，他們又會透過咬媽媽，希望媽媽再次和自己互動玩耍。

雖然咬人這種行為是孩子發展過程中的正常現象，也會隨著孩子的成長而慢慢消失，但是，咬人依然會給家長甚至其他孩子及他們的家長造成困擾，那麼我們應該怎樣幫助孩子學會不再咬人呢？

幫助孩子糾正咬人的行為

初生的小寶寶就如同一張白紙，他們並不知道周圍的世界，也並不太懂自己。當寶寶剛剛意識到自己情緒的時候，那種感覺是無以言表的。情緒對他們來說是一種生理反應，他們能感受到自己身上發生了變化，但是他們並不知道那是什麼，也不清楚應該怎樣處理，以及會帶來什麼後果。所以，在無法認識和管理自己情緒的寶寶身上就出現了類似動物特性的咬人現象。

因此，要想幫助孩子糾正咬人的行為，先要讓寶寶認識到他們自己的情緒。比如，當寶寶因為生氣而咬人的時候，我們首先要讓寶寶認識和接受自己的情緒，讓他們知道，他們出現的這種情緒叫作生氣。讓他們接受生氣是一種正常的情緒，告訴他們在遇到挫折的時候會生氣是正常的現象，大人也會生氣。只有接受了自己的情緒，才能更好地處理情緒，我們需要注意的是不能在孩子生氣時說出：「這一點小事情有什麼好生氣的」之類的話。這對糾正孩子的行為絲毫沒有幫助。

教會孩子管理自己的情緒

孩子在認識了自己的情緒以後才有可

教孩子管理情緒

對咬人行為說不。

透過轉移注意力來撫平情緒。

能管理好它們。我們可以告訴孩子，生氣是一種人類正常的情緒，我們都會生氣，但是用咬人來表達生氣的方式是不合適的。除了制止孩子咬人的行為，我們還要給孩子一個可以操作的行為指南，比如告訴孩子，在生氣時可以透過畫畫來轉移注意力，或者可以透過深呼吸等方式來平撫自己的情緒。因為如果不給出一個具體的方案，孩子就會很難理解自己到底應該怎麼做。

結語

● 想要糾正孩子的一些行為看起來很不容易，其實卻很簡單，重點就是能夠找出孩子行為背後的根源所在。找到問題的源頭之後，再具體問題分析，和孩子一起解決。

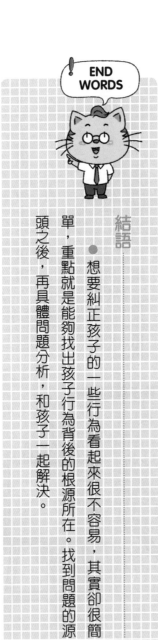

「這是我的！」是孩子心理發展的二個時期

爸爸媽媽總是把小寶寶當成自己手心裡的寶貝，十分珍貴地呵護著、關懷著。因為，不管寶寶長到幾歲，他們都是爸爸媽媽心中的寶貝。可是，突然有一天，這個寶貝也有了自己的「我的」。隨著孩子有了自我意識，有了所有權意識，我們也慢慢意識到這個寶貝，不再是「我們的」，長成了一個獨立的小個體。

！孩子自我意識的形成時期

1歲半到2歲是孩子自我意識發展的關鍵時期，這個年齡的孩子開始慢慢意識到自己是一個獨立的個體，並且知道自己的名字、自己的喜好、自己的需求和願望。

心理學中著名的「鏡子測試」就能讓我們了解到孩子從什麼時候開始發展自我意識，這個測試的根本就在於孩子是否能夠知道鏡子裡面出現的映射就是他自己，如果能，就說明孩子已經有了自我意識。鏡子測試發現，18個月之前的嬰兒並不知道鏡子裡面出現的是誰，而當寶寶18個月以後，開始明白鏡子裡面的其實就是自己。

自我意識發展的孩子，不僅開始知道「我」這個小個體，也開始使用「我」、「我的」之類的詞語表達自己的需求。他們了解自己想要的東西，也知道歸自己所有的物品。**出於人類對資源的天**

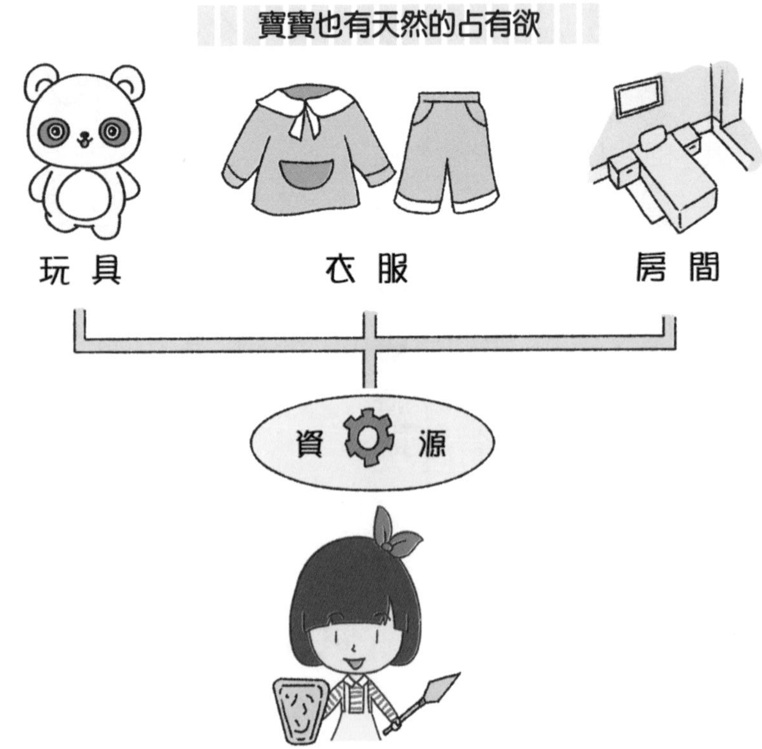

寶寶對自己的資源具有保護意識。

然占有欲望，剛剛有自我意識的孩子也會對自己的物品特別執著。我們會發現，二、三歲的孩子對自己的玩具、自己的衣服、自己的房間等都特別有保護的意識，認為這些是神聖不可侵犯的。因為對於孩子來說，玩具就是他們最重要的資源，擁有這些資源讓孩子更有安全感。

孩子所有權意識的發展時期

1歲半到2歲左右的孩子不但開始對自我意識有了逐漸完整的認識，他們也開始對物品的所有權有了概念。孩子能從不同的物品中間區分出哪一個是自己的，哪一個是別人的。他們甚至能從看起來完全一樣的兩個玩具中找到屬於自己的那一個。孩子對「我的」玩具有著特殊的感情，這也意味著他們會更不願意與別人分享自己的物品。

但是，有所有權意識並不等同於孩子就會變得非常自私，相反，隨著孩子年齡的增加，他們會更全面地認識到所有權是一種社會屬性。所有權可以轉移，而有時候將自己的玩具送給別人，會讓別人感到高興，這就是這個玩具帶來的社會價值。隨著這些意識的不斷增長，孩子不僅會意識到自己對物品擁有所有權，也會越來越意識到他人對物品的所有權以及物品所有權在社會中的轉移與價值。心理學研究發現，2歲的孩子比1歲半的孩子更願意分享自己的物品去幫助他人。

結語

● 在孩子的特定階段，如果孩子不願意分享玩具，我們家長可以不強求。我們可以潛移默化地向孩子灌輸分享的概念，要相信其實孩子天性是熱愛分享的，他們總有認知更完全的一天，可以享受分享帶來的樂趣和滿足感。

03 為什麼孩子老是抱著喜歡的玩偶不放手？

小寶寶的最愛一定都是媽媽，和媽媽分離的寶寶總是表現得格外悲傷，他們會哭鬧，甚至會不喝奶。然而，從小陪伴寶寶的不僅是媽媽、爸爸這些親人，也有玩具。特別是寶寶睡覺總會伴著入眠的小玩偶，一定是寶寶特別依賴，且不願意與之分開的。

什麼是依戀關係

依戀關係（Attachment Relationship）是指人們之間深沉、長久的一種親密關係，依戀關係直接影響我們的人格發展。**心理學認為，擁有健康依戀關係的孩子情緒會更穩定，也會更有安全感。**這些孩子更願意出去探索世界和接觸新事物。而與爸爸媽媽沒有緊密依戀關係的孩子會更小心謹慎，不願意嘗試體驗新事物。

因為，當小寶寶感受到焦慮和不安時，他們就會尋求媽媽的安慰。這種安慰可以是生理上的擁抱，也可以是心靈上的慰藉。如果寶寶在焦躁不安的時候得到足夠的安慰，那麼他們的焦慮情緒就能得到緩解。這就是更緊密依戀關係讓孩子更有安全感的原因。相反，如果長期得不到安慰，孩子和媽媽之間的依戀關係非常之弱，那麼孩子的焦慮情緒就會一直影響著他們的大腦。這種長時間的壓力會導致孩子成長過程中一連串心理甚至行為上的問題。

與玩偶的親密關係

隨著孩子慢慢長大，會成長為一個獨立的個體。然而，長大也是需要付出「代價」的，成長為獨立的個體也就意味著不能無時無刻都和爸爸媽媽在一起。可是，沒有哪一個小孩可以一夜長大。因此，在孩子成長為一個真正獨立的人之前，他們需要一個過度期。在這個過度期內，有許多孩子會選擇一個自己喜歡的玩具或者玩偶來陪伴自己。因為一個熟悉的玩偶，可以給孩子帶來安全感，當他們需要到一個陌生的地方探索和學習的時候，這個熟悉的玩具給他們無窮的勇氣，也能安撫孩子的緊張、焦慮情緒。

有的家長可能會認為，孩子走到哪裡都要抱著自己的玩偶是長不大的表現。恰恰相

玩偶的作用

給孩子勇氣。
安撫孩子的緊張。
給孩子帶來安全感。

反，這是孩子在努力地為長大而作準備。**每個孩子都有自己的成長時間表，對自己心愛的玩偶特別依戀是一種正常的心理現象，我們不能因為害怕孩子無法自立而強求孩子放棄帶著玩偶出門。**其實，當孩子在心理上準備好了，他們也就會不再總是帶著玩偶出門。心理學認為，2歲到5歲的孩子會根據自己心理發展的需求開始不再對玩偶過份依戀。因此，尊重孩子，讓孩子自己準備好成長為一個獨立個體，也是我們幫助孩子更好成長所能做到的。

結語

● 因此，當孩子因為看不到喜歡的玩偶而哭鬧時，我們要給予孩子足夠的安全感加以安慰，而不能因為想要鍛鍊孩子，或者看輕孩子的這種行為，而強行制止孩子，甚至把玩偶奪走。這一類的激進行為都會傷害我們的孩子。

04「不」是孩子向大人發出的「獨立宣言」

身邊的一些朋友曾經這樣抱怨過：「自己2歲且進入叛逆期的孩子十分讓人頭疼。每天掛在嘴邊的都是『不』，不願意吃飯、不願意睡覺、不願意洗澡，簡直讓人無法忍受，真的希望學校能全天接管去。」

這或許就是成長的「代價」，孩子喜歡用說「不」，讓自己慢慢成為一個獨立的個體，而這是每個孩子和家長都需要面對的階段。可是，為什麼孩子要使用這樣否定和激烈的詞語來表達自己的獨立呢？

說「不」是孩子自我意識的體現

孩子1歲半到2歲是他們自我意識發展的關鍵期，同時這個時期也正是孩子語言發展的關鍵期。隨著孩子對自己是個獨立個體的概念越來越清晰，他們也強烈地需要表達自己，讓別人知道他已經不再是那個什麼都不知道的小寶寶。他們想要表達出自己的喜好、需求和願望，可是由於語言能力的有限，想要說出「我喜歡這個玩具」、「我想去玩鞦韆」這樣的句子對孩子來說是一個比較困難的任務。相較之下，說「不」就要簡單很多。「不」、「不要」、「不喜歡」成了這個年紀的孩子說得最多的詞語，因為一個字就完全表達了孩子想要表達的意思。這些簡單明瞭，卻語氣強烈的否定詞直接了當地表達了孩子的是非喜好，所以也就成了孩子在一定時期內的口頭禪。雖然，我們家長不樂意聽到孩子說的這些詞，但這卻是孩子能說出口的有限詞語句裡最能表達他們意願的話。

說「不」是孩子在模仿大人

孩子就像家長行為的影印機，在孩子懵懂發展的時候，每天都會聽到爸爸媽媽的「不要摸這個！」、「這個不能吃！」、「不可以玩電線！」。於是，當孩子開口說話時，首先蹦出的是「不要」、「不喜歡」也就不足為奇了。**如果不希望聽到孩子頻繁地說「不喜歡」，我們家長也要從改變自己的說話方式做起，我們可以少使用「不」這樣的負性詞彙，而採用更正面，帶有鼓勵性的話來表達相同的意思。**比如，「不能隨便丟玩具」，我

孩子是在模仿大人

爸爸媽媽頻繁地說「不」，寶寶受影響之後也會習慣性地說「不」。

們可以說「玩具應該擺放在玩具架上」。心理學研究也表明，在家中和孩子說話時，家長使用的詞彙越豐富，越正面，孩子的語言發展也會越好，甚至會更聰明。

說「不」是孩子獨立的體現

當孩子開始有自我意識以後，他們不僅想要表達自己的喜好，也希望掌控自己的生活。他們會想要拿到自己想玩的物品，吃到自己喜歡的食物，去自己想要去的地方探索。但是，爸爸媽媽總是有很多的限制，不允許孩子碰這個，摸那個。當孩子想要嘗試卻屢屢受到限制時，他們就會感到沮喪，感到對自己生活的無能為力。

成年人希望對自己的生活有控制感，孩子也是一樣。拒絕爸爸媽媽給出的條件限制，會讓孩子覺得自己控制了當前的局面，讓他們充滿自豪感，更自信。

孩子是在掌控生活

不許吃
不許碰
孩子為了奪回自己對生活的控制感，開始反抗大人。

因此，家長可以適當降低自己限制孩子行動的標準，不要過多地限制孩子的行動。在保證孩子安全的前提下，盡可能多地讓孩子按照自己的意願探索世界。我們會發現孩子也會用更少的反抗來回報我們。

結語

● 孩子總有一天會長大和獨立，讓孩子在正向的環境中成長不但對孩子的心理和社交有幫助，也同樣會讓我們家長更加放心。

和媽媽頂嘴是建立邏輯關係的最佳時期？

孩子的邏輯發展是一個循序漸進的過程，從開始認識客觀物體的邏輯關係到抽象的邏輯關係，可能需要幾年的時間。心理學家認為，孩子通常在5到6歲才開始慢慢地使用邏輯思維來看待我們的世界。最初，孩子從看著物體落地學會因果關係，到開始了解可逆性和歸類等的邏輯關係，是孩子從日常生活中的觀察，或者從玩耍中學到的，同時，也可以透過和媽媽頂嘴的過程中領悟到。

！和媽媽頂嘴未嘗不可

抛開和媽媽頂嘴是忤逆家長意願的不敬行為來看，頂嘴並不完全是一件壞事。在美國的GRE（Graduate Record Examination）研究生入學考試中就有一個辯論項目，也就是讓考生透過類似辯論的方式找到文章中的一些邏輯錯誤。頂嘴就好像一個口頭的Argument測試，從這個角度看，我們的孩子是從小就開始訓練自己的邏輯思維能力呢。

著名的兒童心理學家皮亞傑認為，孩子的邏輯發展是從歸納邏輯（Inductive Logic）到演繹邏輯（Deductive Logic）。**歸納邏輯是指透過經歷來總結基本理論，而演繹邏輯是從基本理論推理具體事件。**因此，在爭辯的過程中，如果孩子能將自己想表達的事件總結歸納後告訴媽媽，再將媽媽說的大道理運用到自己的個人情況。這樣的思維訓練過程有助於孩子邏輯的建立和發展。

當孩子反對媽媽的意見時，首先，說明他們已經有了自己的意願，是孩子自我意識的表現，他們知道自己的喜好和需求，也不再願意完全服從媽媽的安排。其次，在孩子

歸納邏輯與演繹邏輯

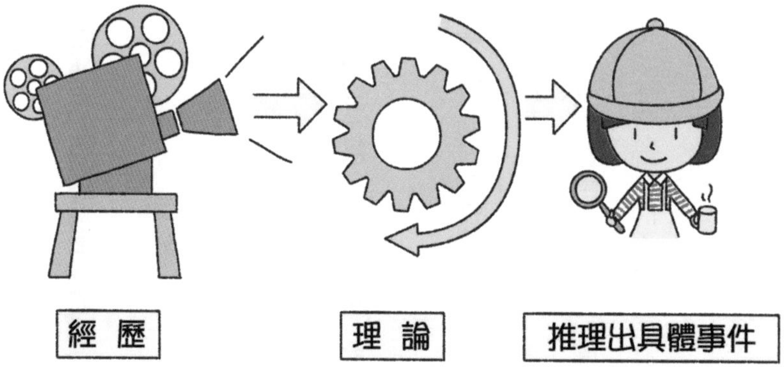

發表自己意見時，他們對自己會有更高的認同感，增加了自信心。最後，孩子與媽媽頂嘴，是需要反駁媽媽的觀點，以及陳述自己的看法。**在這個過程中，讓孩子更好地建立了自己的邏輯關係，同時也鍛鍊了語言組織的能力。**

教導孩子正確的頂嘴方式

當然，並不是所有的頂嘴都能讓孩子從中得益。讓頂嘴幫助孩子建立邏輯關係，是需要我們家長從中協助才能完成的。

首先，我們家長要注意控制自己的情緒。當孩子開始頂嘴的時候，家長通常很難控制自己的情緒。在自己的權威受到挑戰和感到羞辱的複雜情緒中，很容易會對孩子進行懲罰和制止。如果情景確實如此，那麼孩子不僅很難從中學到知識，反而會學習錯誤的問題解決方法。因此，我們家長要就事論事，用以理說理的方式來和孩子理論，而不是使用暴力來顯示自己的權威。

如何減少孩子頂嘴行為的發生

家長和孩子以事論事，間接幫孩子建立邏輯。

家長遵守承諾，讓自己說的話更有信服力。

其次，當家長的行為與語言相符的時候，不僅有助於孩子更好地認識這個世界的真實性，也有助於孩子建立正確的邏輯關係。孩子和媽媽發生頂嘴的原因有很多，例如：孩子不想好好吃午飯。假設這種情況發生，媽媽說：「如果不好好吃午飯，那麼晚飯之前取消一切零食。」孩子一定會滿口答應。那麼媽媽在這個下午一定要遵守自己的承諾，而不是中途發現孩子餓了又心軟下來。因為媽媽遵守承諾的這種做法，不僅能讓孩子建立正確的邏輯關係，也能讓媽媽以後說的話更有信服力。

結語

● 邏輯關係是孩子將來學習工作中需要用到的一種重要的思維能力，幫助孩子建立良好的邏輯思維能力，對孩子很有幫助。但是，頂嘴雖然有助於孩子邏輯思維能力的建立，但卻並不是邏輯思維能力建立的最優方式。我們還可以透過一些數學玩具來幫助孩子建立更完整立體的邏輯體系。

06

是時候與孩子聊一聊性話題了！

小朋友一直對其生活的世界保持著高度的好奇心，他們摸索環境中的一切事物，也觀察周圍的各種人，以及人與環境的各種交互。同時，孩子也對自己非常好奇，他們感知自己的身體，這也是他們探索世界的一大課題。孩子在探索身邊的各種事物之餘，也開始探索周圍的人類，他們會發現這個世界上有著兩種不同性別的人，家中的爸爸和媽媽就截然不同，而自己在幼稚園裡也有男同學和女同學。而孩子性意識啓蒙的第一步，就是從在家裡觀察自己和爸爸媽媽的身體特徵開始的。

孩子性意識的發展

隨著孩子自我意識的不斷發展，孩子也慢慢有了性意識。兒童時期的性意識主要在於對性別差異的認知，對生殖器官的好奇和認識，以及對性別角色的意識。青春期以後的性意識會隨著生理性特徵的不斷成熟而逐漸走向更加完善的階段。在孩子的家庭教育中，隨著孩子年齡的增長，性是一個無法迴避的話題。孩子總有一天會問：「為什麼我有小雞雞，媽媽也有嗎？」「為什麼我不能和媽媽一起去女廁所？」「我是從哪裡來的？」之類的問題。但是，鑒於兒童性意識的特點，通常，孩子也只是希望從爸爸媽媽那裡獲取宏觀的性知識。比如，在關於寶寶是爸爸媽媽的精子和卵子的結合這件事情上，他們尚不能理解和接受性行為等具化的描述。其次，精子和卵子結合的過程也是孩子不能接受的。**因此，當孩子第一次問起自己是從哪裡來的時候，我們家長也不用過分緊張，只需要更充分的時間做好心理準備來與孩子聊性話題就行了。**

怎樣和孩子聊性話題

保持鎮定。孩子對爸爸媽媽的情緒有著特別高的警覺和感知能力，當家長感到焦慮的時候，即便是努力掩飾，也還是會被孩子感知到。因此，當我們和孩子聊起性的話題時，首先要保證自己儘可能平淡地對待這個話題，才能在與孩子的交談中，讓孩子知道這是一件平常的事情，那麼他們才有可能正視這個問題。當孩子和家長在交談中輕鬆愉快地聊

和孩子聊性話題的方法

家長首先要以平常心對待這個話題。

私下查閱資料，做好各種準備。

保持全程對話的輕鬆、愉快。

完一次敏感的性話題後，孩子和父母的焦慮情緒都會降低，給下一次正視這個話題帶來可能性。因此，如果不想被孩子問到手足無措，我們可以私下就對孩子可能問到的問題有所準備，多練習幾次。這樣不但家長自己能更平和地看待性話題，和孩子的交流也會變得行雲流水。

讓孩子樹立性意識的好處

認識自己。孩子性意識啓蒙後，最重要的是認識到自己的性別，認識到男生和女生的本質不同。孩子透過觀察自己的身體和家長的身體後，會將男女歸到不同的類別中去。正確認識到性別的不同，對孩子以後的性心理發展有著重要的作用。當我們發現孩子對自己的身體產生好奇時，就可以幫助孩子了解自己生殖器官的正確名稱、功能和異性性別的不同。對孩子有所遮掩無助於孩子性意識的學習和發展。事實上，對於兒童來說，他們只是對人體的差異感到好奇，家長也並不需要想得過多。對這個階段的孩子來說，他們對性方面的過多細節並沒有什麼求知慾。

保護自己。對於兒童性意識的教育，我們還需要讓孩子有保護自

讓孩子樹立性意識的好處

幫孩子更好地認識自己。

幫孩子更好地保護自己。

己的意識。教育孩子自己的性器官是隱私的，不應該暴露自己的性器官，不能被別人侵犯自己的隱私，也不應該侵犯他人的隱私，公共場合下聊性話題也同樣是對他人的不尊重。

結語

●這個話題在我們相對傳統的東方文化背景下，是一個非常難的問題。但是，如果孩子能從小正視性，正確地了解性，那麼將來他們在這方面受到傷害的可能性也會更小。抱著保護孩子的心態，我們家長也一定能克服自己心理上的某些壓力，和孩子好好地聊一聊這個話題。

07 搗亂是孩子實現自己想像力的過程

各位家長一定都經歷過如下的場景：孩子一個人在房間裡玩得十分投入，既不來打擾爸爸媽媽，也沒有發出多大的動靜。時間過了許久，家長想起來進去看看孩子到底在玩什麼？結果發現，孩子把床上的被子、枕頭丟得滿地都是，把玩具和一些他們認為是心愛的小物件（或許只是一些廢紙），在床上擺出各種造型來，自己還在一邊火冒三丈，一邊嘴裡念念有詞。這時候哪個家長能不「氣血攻心」呢？

搗亂是我們大人給孩子行為的一個定義，在孩子的世界裡其實並沒有搗亂的概念，對他們來說，翻箱倒櫃是探索世界，丟東西是建立邏輯，而破壞家裡的物品作為自己玩耍的道具是想像力的發展。試想一下，我們又有誰小時候沒有裹起床單，當自己是公主或者超人呢？

大腦認知發展的重要環節

想像力是指當我們沒有直接感知到，而在大腦中創造出一些景象，想法等的過程。想像力幫助我們將知識運用到問題解決中，也是我們整合經驗和學習的過程。當我們的孩子把棉被做成屋子，把枕頭當作橋樑的時候，就是他們在發揮自己的想像力在玩耍。雖然孩子在玩耍的過程中，把家中的擺設搞得一片狼藉，但他們卻是在自顧自地玩耍中學到了知識，大腦也得到了發展。

想像力的重要性。孩

心理理論

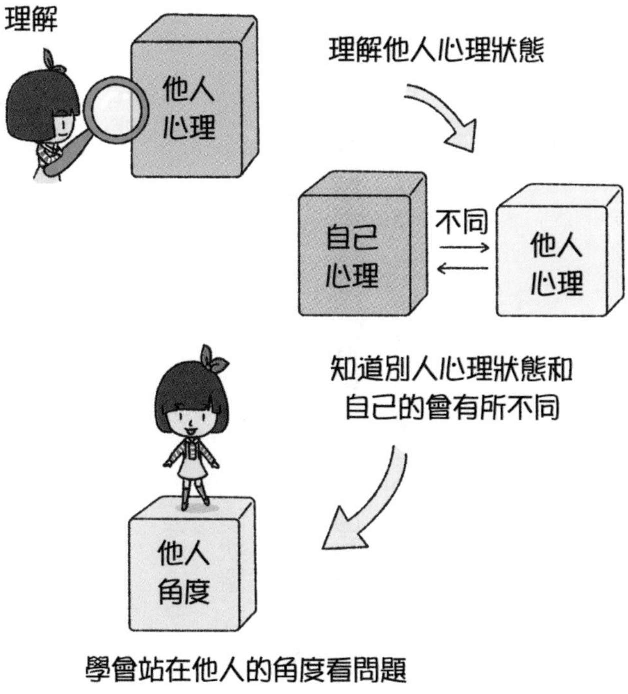
理解
他人心理
理解他人心理狀態
自己心理
不同
他人心理
知道別人心理狀態和自己的會有所不同
他人角度
學會站在他人的角度看問題

子透過假想遊戲來學習別人是怎樣思考的，這對孩子來說是一種非常重要的認知能力的發展。因為，在此之前，孩子一直是處於自我中心的認知階段，他們只能從自己的角度出發看問題，沒有能力了解他人是從怎樣的角度出發思考的。而當孩子透過想像力在自娛自樂的時候，他們會不時地進行各種角色扮演，這時就需要孩子站在他人的角度上去思考。在角色扮演的過程中，孩子會考慮扮演對象的想法和行為，這都是對孩子心理理論（Theory of Mind）的一種訓練。簡單的說，心理理論的定義就是人們能了解別人的心理狀態，並且知道別人的心理狀態和自己的會有所不同。**而心理理論的發展是我們認知發展的一個重要階段，有了心理理論的孩子才會透過別人的角度來思考問題，他們不再是以自我為中心，這也是孩子在社交關係發展中的一大進步。**另外，在進行假想遊戲的過程中，孩子會自己創造出一些場景、情節，這些也是對孩子解決問題能力的一種訓練。

想像力影響孩子創造力的發展

想像力對孩子將來的創造力發展也是一個重要的影響因素。孩子通常都比成年人更

刻板印象

其實這兩種橘子是一樣甜的，但因為人們的刻板印象，就會認為綠皮橘子一定會很酸。

有想像力，這是由孩子大腦結構的特性所決定的。但是兒童聯想力的優點會在成長的過程中慢慢地被各種規律和規則所磨滅。雖然在孩子的眼裡，被子並不是簡單的被子，可以是超人的披風，可以是沙灘邊的小屋，還可以是浩瀚的海洋。可是在我們的眼裡被子就是被子，這就是我們在成長過程中透過各種經驗給自己的一個刻板印象（Stereotype）。刻板印象是指對人的類型或者事物功能的一種固化的看法，對我們的發展和社交有著一定的侷限性。因此，想要不被刻板印象所侷限，我們就應該鼓勵孩子保持小時候的超凡想像力。不要因為孩子是在「搗亂」而遏制了孩子想像力的發展。

結語

● 其實，放下我們大人的架子和成見，和孩子一起沉浸在他們想像的「王國」中，體驗一次孩子的奇幻世界，對家長也未嘗不是一件有趣的悠閒娛樂活動呢？就不要以「搗亂」來限制孩子，拘謹自己的生活了吧。

孩子主動收拾房間是在開始自我管理

有條件的家庭，可以儘早給孩子一個獨立的小房間，那樣我們會驚奇地發現，孩子不但有可能自己在他們的房間裡入睡，還會佈置自己的房間，把房間收拾得井井有條。有的時候，孩子不是不能做得更好，而是缺乏了一定的條件和環境。

自我管理是一種重要的能力

自我管理是我們能夠控制自己的情緒，以及基於某種目標管理自己行為的能力。自我管理在人生成長的每一個階段都是一種生存必備的能力，因此，如果孩子能夠儘早地學會自我管理，那麼對他們將來的發展是十分必要和有幫助的。管理情緒是自我管理的一項首要內容，孩子從二、三歲開始有情緒自我意識（Emotion Self-awareness）後，他們開始認識自己的情緒，也慢慢學習如何與自己的情緒相處，好的自我情緒管理能力是孩子將來在社交生活中所必需的。**自我管理的另一項重要內容是行動的自我管理，也就是我們計畫、整理、分配時間、空間、記憶力等的各種能力。**而這種自我管理的能力對孩子將來的學業，工作也有著相同重要的意義。

在我們的大腦中，自我管理能力的重大發展關鍵期分別是在5歲和12歲左右。在這兩個時期，孩子會根據從生

孩子行動的自我管理

孩子高效的自我管理能力對將來的學業、工作有著重要的意義。

活中吸收到的大量訊息，對它們進行整合，形成自己的一套自我管理體系。高效的自我管理能力可以幫助孩子在學業、工作和社交等各方面取得更好的成果；反之，不能進行自我管理的孩子就可能會在將來遇到行為或情緒問題，這些都將影響孩子將來的生活和工作。

我們也知道2～5歲的小朋友通常都處於自我中心階段，他們從自己的角度出發考慮問題，不會站在別人的角度來進行思考。同時，自我中心發展階段的孩子不但只能關注自己，他們也只會關注當下的時間和空間，也就是說，孩子很難考慮到過去和將來，也很難顧及他無法看到的空間。因此，當我們的孩子開始主動收拾房間，也是他們邁出自我中心的一大進步，說明他們開始從爸爸媽媽的角度看待問題，意識到自己的房間是需要整理的。也說明他們對空間、時間有了進一步認識，知道有些一段時間不玩的玩具需要收起來，把空間留給現在需要玩的玩具。看似一個小小的舉動，卻在背後承載了非常大的進步和努力。

我們家長可以做的

不要忽視情緒管理。在我們的傳統觀念中，情緒管理是一個可有可無的課題。但是事實上，在我們的人生發展中，情緒管理有著舉足輕重的作用。孩子的社會關係、處事能力都與他們的情緒管理直接相關。在孩子的情緒自我意識時期，我們要教孩子正視自己的情緒，認識自己的各種情緒。**更重要的是，當遇到情緒波動時，教孩子學會怎樣讓自己冷靜下來，而不是對著別人發脾氣，或者透過一些破壞性的方式來釋放自己的情緒。**

適當引導孩子做好自我管理。當孩子表現出自我管理的行為時，我們應該感到欣喜，但也切不可操之過急。孩子對壓力的處理能力有限，如果揠苗助長，孩子很有可能就會不再由衷地願意自我管理了。因此，首先我們要了解孩子的能力。兒童在各個不同的年齡會發展出不同的認知和行為能力，如果我們想要訓練孩子他們還無法完成的技能，那麼對孩子的發展是不利的，因材施教不但要根據孩子的個性，也一樣要根據孩子的不同發展階段來進行。其次，也要給孩子提供適時的幫助。雖然自我管理能力強調的是「自我」，但是，如果孩子因為能力無法達到而情緒崩潰的話，這種情況並不能提升孩子的能力。因此，在合適的時候給孩子一些指點和幫助，但並不和孩子一起完成全部過程，這樣的做法就可以讓孩子在自我管理上漸入佳境。

結語

● 所謂家長的教養也就是在適當的幫助下，讓孩子變成一個更好的自己。因此，教會孩子一加一等於二，或者背誦唐詩宋詞和ABC，不如教會孩子怎樣管理自己、管理自己的生活、管理自己的行為，才是更重要的事情。

孩子常說：「我不會」是自信心不足的表現？

成人的世界是高速運轉的，每天急衝衝地趕著做這個，急著去那裡。孩子的世界卻慢慢悠悠，每天不急著做事，也不急著趕路。爸爸媽媽很希望孩子能夠體會自己的苦衷，了解自己的焦急，比如知道自己的辛苦都是為了給孩子一個更好的未來，諸如此類。可惜孩子並不懂，他們不但不能夠站在爸爸媽媽的角度考慮他們的辛苦，更不能展望未來。因為這是孩子處在自我中心的發展階段，還不會站在別人的角度思考問題。

家長給孩子製造的壓力

在帶娃的道路上，經常有家長的意見和孩子的世界發生衝突的時候，比如爸爸急著帶孩子去上學，而孩子還在磨磨蹭蹭地數著桌上的麥片圈有幾個。爸爸看著時間一分一秒地過去，最後只能強制結束孩子手中的玩意，將孩子帶走。在爸爸給予的強大壓力下，面對爸爸提出的要孩子趕緊穿鞋穿衣服的催促，孩子通常就會說，「我不會穿。」

其實，孩子比我們想像的還要敏感得多，他們對我們的行動、言語和情緒都十分在意，而孩子在壓力之下會覺得自己無法完成任務。

因此，當我們從孩子口中聽到過多的「我不會」的時候，我們首先要做的就是審視自己是不是給了孩子太多的壓力，或者要求孩子太多了。

過多壓力讓孩子沒自信

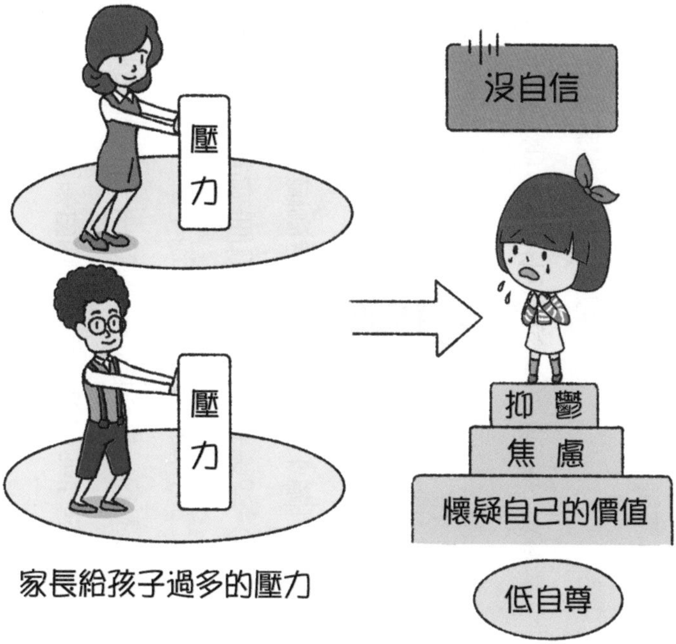

家長給孩子過多的壓力

孩子的自信心不足

如果長期生活在高壓的環境下，孩子就會變得越來越低自尊心（Low Self-esteem）。低自尊心的孩子會表現得沒有自信心，總是否定自己，不但覺得自己不行，同時也會認為別人也覺得自己不行，看不起自己。這樣的孩子在面對一項新任務，甚至是他們可以完成的任務時都會表現不佳。他們害怕接受挑戰，也不相信自己，同時總是緊張別人會看不起他們。因此，低自尊心的孩子總是會說「我不會」，這是他們保護自己的一種方式。因為低自尊心的人已經無法再承受更多失敗和打擊，逃避對他們來說是最好的選擇。

如果孩子因為自信心不足總是說「我不會」，不願意嘗試新的事物，甚至不願意做自己已經會的事情，那我們家長需要給他們適當的幫助讓他們重拾信心。首先，適當給孩子一些壓力。就像我們之前說的，過多的壓力會讓孩子不敢去做，但是毫無壓力又會讓孩子懈怠。因此，壓力的強度需要家長配合孩子的個體差異進行調節。

其次，給予適當的幫助。雖然，讓孩子有獨立能力是一種必需，但是，適時地給予孩子幫助能讓他們在沮喪的時候重拾自信。只要記住「授人以魚不如授人以漁」的原則，就

如何幫孩子樹立自信心

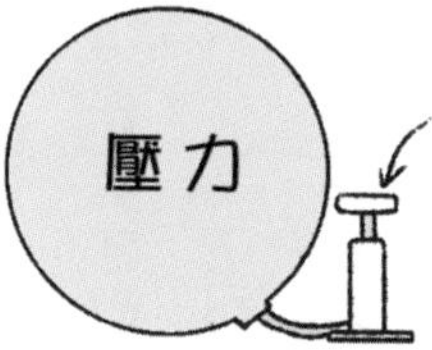

適當的壓力

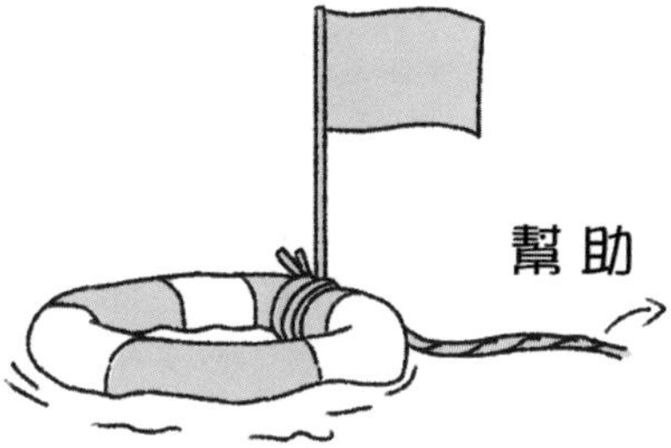

適當的幫助

關注過程而非結果

不用擔心孩子會過度依賴大人的幫忙。最後，關注過程而不要太注重結果。在成人的世界裡，特別是工作上，往往只有結果才被重視。但是，孩子的成長不同，我們要看到孩子為了某個結果做出的努力、想出的辦法和有過的嘗試，而不是以結果論英雄。我們會發現，很多時候即使孩子沒有成功，他們其實也已經在過程中有著很大的進步。如果忽視過程，那麼我們也會無法看到孩子做出的努力。

結語

● 孩子並不會從小就沒有自信心和低自尊，我們要十分注意自己的言行，珍視孩子的每一個瞬間，才能培養出有自信心且心理健康的小朋友。

10 孩子對什麼都好奇是探索世界的本能

每個孩子一出生就是好奇寶寶，他們從出生幾週開始，隨著視覺的發展，就會盯著餵奶的媽媽，漸漸會盯著自己轉動的床鈴，再發展到盯著房間裡花色的窗簾，隨後就是窗外的風景。對於我們成年人來說特別普通的物件，在寶寶的眼裡都是新奇之物。當寶寶會爬、會走、會說話，他們也越來越具備探索世界的能力，他們不斷地學習新東西，學習新技能和新知識，孩子就好像一塊特大號的海綿，吮吸著身邊的每一寸水源。雖說寶寶的個性千差萬別，但是他們對世界的好奇心基本都是一樣的，探索世界是孩子的本能。

人類進化中的天性

在我們看來寶寶探索世界總是帶有破壞性，不是摔破了碗筷，就是撕爛了重要的文件。可是，探索、好奇卻是我們人類在進化過程中為了生存而保存下來的本能。在資源匱乏，能否存活下來還是問題的過去，只有能吃飽，能逃過天敵，才能夠在嚴酷的現實中活

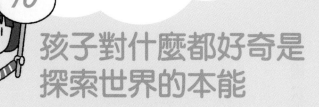

下來，並且繁衍後代。然而，無論是吃飽肚子還是逃避天敵，都需要敏銳的洞察力來了解身邊的每一個動靜，知曉生存的環境。因此，當到達一個新環境後，觀察周圍，了解哪裡有賴以生存的水源，何處有能夠飽腹的食物，哪裡是可以藏身的庇護所，都有助於我們的基因得到延續。

因此，探索周圍的一切未知也就成了一種需要被傳承下來的特性。只是人類現在已經生存在安全的環境裡，小寶寶更是在呵護備至的環境中出生長大。媽媽把家中佈置得漂亮溫馨，卻能在瞬間被小娃搞得天翻地覆。還不經世事的小寶寶們是不會懂得那些社會的規則和秩序的，他們最先表現出來的行為就是來自他們基因中的天性。

探索世界有利於孩子的成長

探索世界不但是來自進化的天性，更能夠幫助孩子快速健康地成長。**心理學的自我決定理論（Self-determination Theory）認為，孩子生來就有探索、吸收和掌控周邊環境的動機，並且當孩子的這種心理需求能在他們的生活環境中得到滿足的話，那麼就能成長為**

更加高自尊且心理健康的孩子。滿足孩子探索的需求，還能讓他們成長得更快速，發展得更好。因此，當孩子在家裡翻箱倒櫃地探索世界的時候，我們要做的不是禁止，而是鼓勵，滿足了孩子翻箱倒櫃的好奇心，孩子才能在更大的天地裡探索，學到更多的東西。

了解孩子的這種天性，我們家長可以做的

自我決定理論

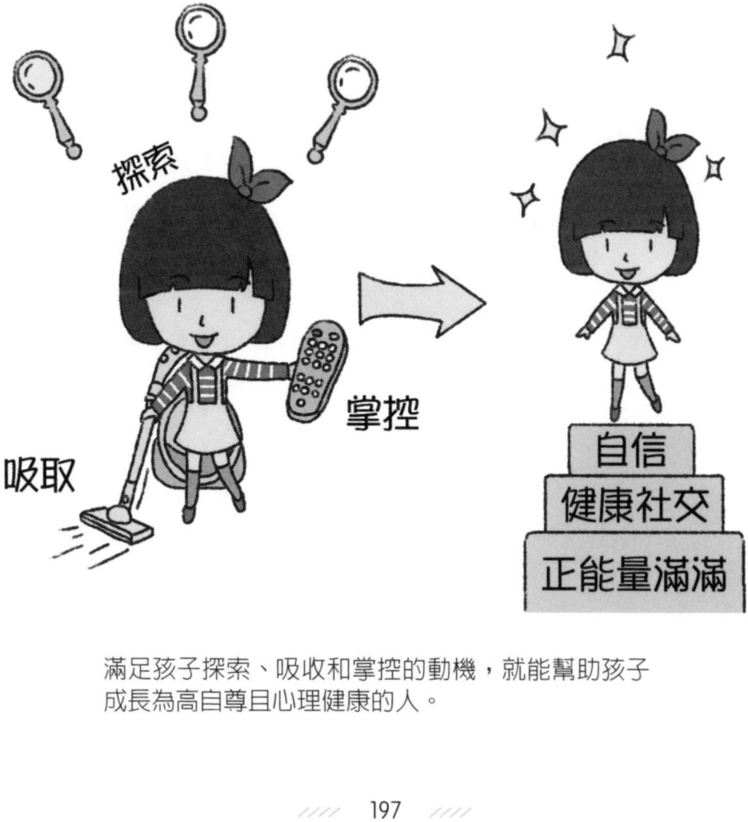

滿足孩子探索、吸收和掌控的動機，就能幫助孩子成長為高自尊且心理健康的人。

首先是認同孩子的這種天生的好奇心，知道孩子在不同的年齡階段探索世界的方式。更重要的是，我們家長也需要在孩子探索的過程中，幫助他們學會怎樣發展這些探索世界的能力，讓他們學會怎樣在探索的過程中控制自己的一些行為，學會怎樣成為一個有責任心的人。

第6章

幫媽媽解決對孩子學習問題的擔憂

孩子的學習問題也是爸爸媽媽們經常擔心的。
孩子的三分鐘熱度、寫作業不積極、孩子的興趣學習等，
都時刻牽掛著大人們的心。而如何解決這些問題，
就一起來看看這一章的內容吧。

過度的早期教育更易增加孩子的厭學情緒？

「過猶不及」、「揠苗助長」，這些都是先人們告訴我們的教育哲學。可是，越來越快速發展的科技文化，以及我們追求卓越的價值觀，「不輸在起跑線上」成了現今家長們的座右銘。越來越多的教育機構相繼湧現。走到街上，到處都能看到各種教育機構的身影，「英語學習」、「數學邏輯學習等」，不計其數，讓家長眼花繚亂。可是價格昂貴的各種教育機構是否真的能讓我們的孩子成為人中龍鳳呢？

！孩子有自己的發展腳步

兒童心理學家皮亞傑（Jean Piaget）的認知發展理論（Cognitive-developmental theory）認為孩子的認知和各項能力的發展有著不同的階段，隨著年齡的不斷增長，他們才能從一個懵懂無知的小娃娃，長成為會思考學習的大孩子。**並且孩子的發展階段受到了他們生理心理發展的各種限制，並不能透過高強度的訓練來達**

到跨越階段的結果。

如果忽視孩子的發展階段，給孩子學習超越他們認知能力的知識，孩子不但從中得不到鍛鍊和提高，還會損害他們的自尊心。孩子年齡雖然不大，但他們是有自我意識的小個體，他們會有自己的自我定位，也會有自尊。而處於認知能力發展中的孩子，他們的自我定位以及自尊心也是不斷發展的，並且會根據他們身處的環

皮亞傑認知發展理論

1～2歲：透過身體來認識周圍的世界。

2～7歲：以自我為中心。

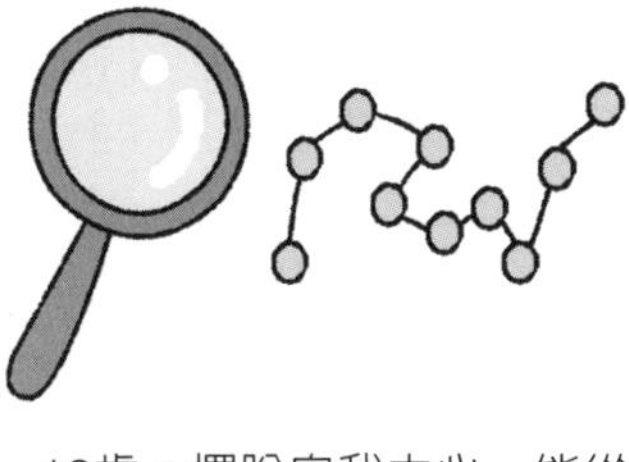

7～12歲：擺脫自我中心，能從多方面觀察世界。

12歲以後：具有抽象思維和假設。

境和成長的經歷不斷改變。如果，孩子長期遭受學習上的挫折，並且，爸爸媽媽沒有給予正確的心理指導，那麼這種高壓力會造成孩子的低自尊。而不健康的低自尊會影響到孩子將來的一生。讓他們覺得自己是沒有價值，甚至是無用的人，這種歪曲的自我定位會影響孩子學習生活等各個方面。

孩子有自己的學習方式

孩子不但有他們自己的發展腳步，也有著他們獨特的學習方式。與成人不同的是，孩子的學習基本來自生活中，來自於和實體事物之間的接觸，像植物、動物、物品，都能讓孩子從中學習到東西。比如，我們的孩子最早學習顏色，並不是從識字卡上認識「紅」這個字，而是從媽媽給的蘋果，或者從孩子自己身上穿著的紅色衣服認識的。不僅透過聽覺和視覺，觸覺、嗅覺也都是孩子學習的管道。**這也和孩子的認知發展有關，因為孩子更適合具象的學習方式，也就是從實物中學習知識。**例如，孩子的邏輯能力首先是在實體物品中建立的，之後他們才能慢慢地了解我們透過語言描述的抽象邏輯。因此，在我們看來是孩子的玩鬧，其實都是他們學習的過程。並且，這樣的學習方式是孩子在課堂上學習不到的。孩子對新知識是十分渴求的，但是，如果沒有根據孩子學習知識的特色，使用不合適的方式來傳授知識，反而會影響孩子獲取知識的熱情。

但孩子的大腦確實有很多可以開發的方向，也並非所有的早期教育都需要被禁止。我們可以根據孩子的特點有針對性地進行教育來提高孩子的能力，比照本宣科，孩子更適合從玩耍和探索中學到新的知識，那麼我們就可以在玩耍中適

具象的學習方式

當地加入適合孩子學習的內容。如果我們想要讓孩子學習某個英語單詞，與其不斷簡單重複地讓孩子去記，不如在生活中使用這個單詞，用實物或遊戲的方式讓孩子自然而然地記住。

結語

● 著名的蒙特梭利教學法就是特別把握了孩子的特點，從真正開發孩子的潛能出發。而在市場經濟催動下的早期教育，則需要家長的認真判別，並不能根據一個標題來定義哪一種才是真正能提升素質，開發孩子的潛能。

為什麼孩子專心玩遊戲時不要去打擾？

我們總說自己的孩子是一種神奇的小生物，但我們的家長又何嘗不是。孩子在家胡鬧時，我們覺得特別煩躁，而孩子離家在外時，我們又覺得格外想念。孩子時常來騷擾時，我們尋求清靜一刻，但孩子專心玩耍時，我們卻總是想去噓寒問暖或者總是想去指點一二。

我們在這裡說的遊戲，並不是電子遊戲，每個孩子都能專心致志地玩著手機、平板、甚至電腦遊戲。但是實驗證明，過早使用電子產品，會導致孩子長大以後出現更多的注意力問題，如無法集中注意力、注意力容易分散、不能整理歸納等等。我們說的遊戲，是能讓孩子身體力行的遊戲，比如積木玩具、拼搭玩具，或者是戶外的沙堆遊戲，甚至是在公園玩的一個小樹葉、小石子等，這一些動手的遊戲都是我們鼓勵的。可是，為什麼我們不能打擾孩子玩遊戲呢？

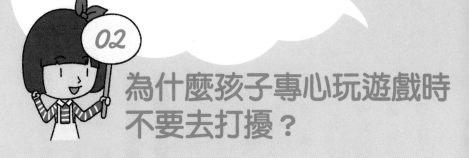

！孩子的注意力是需要訓練的

注意力時長（Attention Span）是指我們能夠不分心地專注於一個任務所花的時間。心理學家認為，注意力時長是我們能夠成功達到目標的一個重要因素，能夠長時間專注做一件事情，也是對我們特別重要的一種能力。**注意力時長會隨著孩子年齡的增長而增加，越小的孩子，注意力時長越短。**一般來說健康成年人的注意力時長在20分鐘左右，而小寶寶的注意力時長可能只有幾秒鐘。

我們的注意力十分脆弱，很容易被打斷，比如，生理因素（飢餓、口渴、排泄需求等），心理因素（情緒、疲勞等），環境因素（噪聲、光線等）。並且，當我們的一個注意力時長結束以後，我們

孩子注意力時長的增加

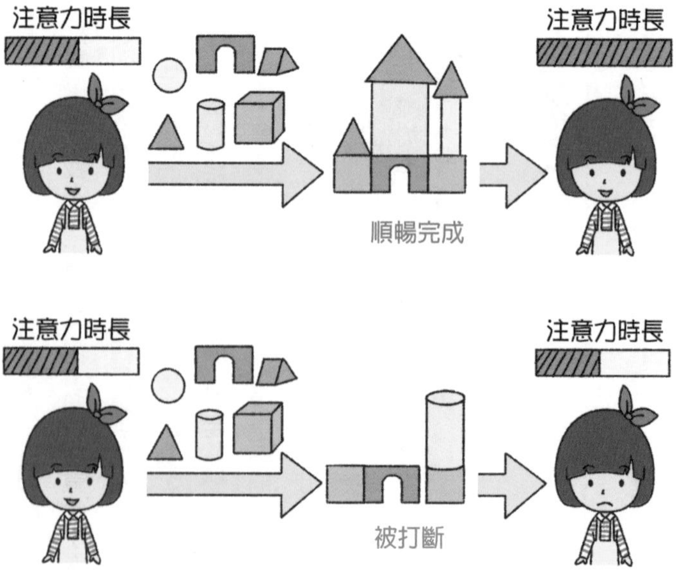

注意力時長
注意力時長
順暢完成
注意力時長
注意力時長
被打斷

會休息片刻，做一些活動，然後換做關注其他的事物，或者重新把注意力放在之前關注的任務上面。我們會覺得有時候專心做一件事的時間遠遠超過注意力時長的20分鐘，那是因為，我們成人的大腦在短暫休息後，又重新關注到原來的任務上面，這也是我們注意力的一種重要的能力。而小孩子，卻可能因為注意力轉移而很難再集中到原來的任務上去。

當孩子在做一件他們覺得有趣的事情，或者他們自己想要做的事情時，他們的注意力時長就會增加。**同時，如果孩子能夠在做事情的期間，體驗十分順暢的感覺，那麼他們的注意力時長也會增加。**因此，當孩子在專心致志地玩著他喜歡的積木玩具時，如果家長過去打斷，比如，讓孩子喝水，或者詢問孩子在玩什麼，那麼孩子就無法順暢地完成一個完整的任務，與此同時他們原本可以慢慢變長的注意力時長就會中斷。而且，孩子的注意力原本就容易轉移，如果被家長打斷，他們很有可能會更加無法將注意力轉回到原來的那個任務上。並且，孩子的注意力如果頻繁地被家長打斷，那麼孩子從家長的行為中學習到的就是：我可以不用一直專心做一件事情，我可以玩一會，喝一會水，說幾句話，再玩玩別的。雖然，我們家長並沒有表達這樣的意思，但是孩子接收到的訊息卻是如此。

我們家長應該怎麼做

觀察。其實，無論什麼時候，學會先觀察我們的孩子是家長需要做的第一件事情。而在注意力這項課題上，我們可以觀察孩子是否到了一個注意力的週期，那麼在孩子短暫休息的時候，我們可以提醒孩子喝水、加衣等。如果孩子並沒有什麼緊急的需求，如需要上洗手間之類，我們也可以讓孩子自己努力將注意力轉回原來的任務中。

放手。讓孩子提高注意力的關鍵是孩子需要對所從事的任務有出自內

家長應該做什麼

先觀察孩子。

讓孩子做他們感興趣的事。

心的動機，比如，讓孩子選擇他們自己想要玩的玩具。對於自己感興趣或者想要做的事情，孩子的注意力就會相應地增加，而且，當孩子能夠成功地完成一項任務時，他們的注意力也會加長。如果家長總是想要孩子挑戰高難度的任務，那麼孩子的注意力也無法得到訓練，因為當孩子在頻繁地受到挑戰或遇到挫折時，他們的注意力時長都會相應變短。

結語

● 我們家長不必時刻將孩子的事情作為自己生活的全部重心。特別是孩子有私人空間的時候，讓孩子保留自己的私人空間，不但對孩子的注意力十分的有幫助，對孩子的學習能力也有很大的益處。

如何提高孩子寫作業的積極性？

作業是孩子學習中一項非常重要的任務。作業能幫助孩子鞏固一天在學校學習到的知識，加強記憶，也能幫助孩子更好地接收之後的新知識。但是作業並不總是非常有趣的，家長怎樣才能讓孩子更好地完成作業呢？

鼓勵而不是懲罰

孩子作業的成果很重要，但是孩子完成作業的體驗也同樣重要。在輕鬆愉快的體驗中完成作業，才能讓孩子在以後做作業時，更積極更主動。教育的方式有很多，但最根本的兩種就是對正確的行為進行鼓勵，或者對不正確的行為進行懲罰。雖然，這兩種方式在短期內都會達成相似的結果，但是從長遠來看，懲罰一定不是一種好的方式。對孩子正確的行為進行鼓勵，能讓孩子更積極對待做作業，而且也能更有自信去面對下一次的困難。而懲罰的方式，雖然能讓孩子下一次不再有不合適的行為。但是，懲罰給孩子帶來的消極情緒，對孩子的記憶力、學習都是不利的。還會讓孩子在下一次做作業時，聯想到之前不愉快的經歷，而無法順利、積極地完成作業，也很難從作業中學習到東西。

鼓勵孩子的努力和獨立

心理學歸因理論認為，不同的歸因方式會給孩子帶來不同的世界。我們不同的鼓勵方式，會讓孩子對自己的學業也有不同的歸因。**當孩子在作業中表現優異的時候，我們應該鼓勵孩子努力的過程，而不是鼓勵孩子聰慧的天資。**當我們鼓勵孩子努力的時候，孩子會將自己學業的成功歸因為自己的努力。努力是孩子可以透過後天改變的，那麼在下一次做作業時，孩子就會更努力以求達到更好的結果。在遇到困難時，他們也會知道努力可以幫助他們克服難關。相反，當我們鼓勵孩子聰慧的時候，孩子會將自己學業的成功歸因為自己的智商。而智商是孩子無法改變的先天因素，因此，在遇到困難時，孩子會覺得自己無法改變現狀而放棄努力。

鼓勵而不是懲罰

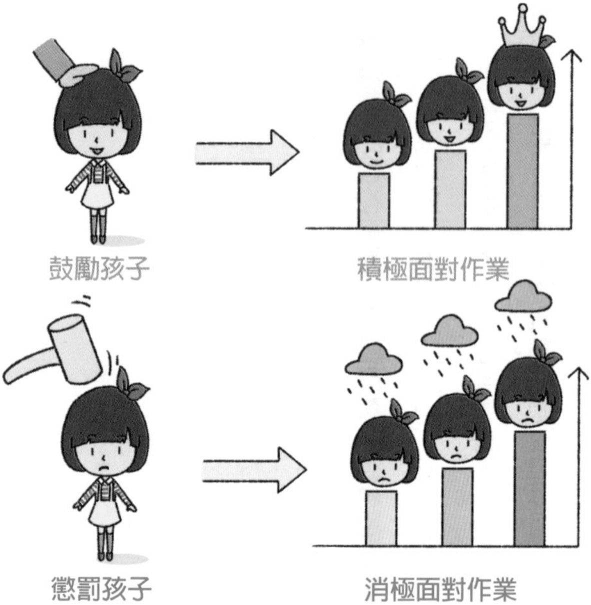
鼓勵孩子
積極面對作業
懲罰孩子
消極面對作業

給孩子休息的時間

我們的身體會因為長時間從事活動而感到疲勞，我們的大腦也是一樣。長時間的學習，也會讓我們的大腦感到疲勞，透過適當的休息能夠讓孩子在接下來的學習中注意力更集中。所謂磨刀不誤砍柴工，心理學研究也發現，孩子在短暫的玩耍以後，更能將注意力集中在他們的功課上。當然，研究也指出，短暫的休息時間才能讓孩子更好地集中注意力在學業上，比如10到20分鐘，而過長的休息時間反而會有相反的效果，比如30分鐘以上。

關注孩子周邊的環境

讓孩子在做作業前保持良好的狀態。孩子如果餓了、睏了，他們的注意力時間都會減少，而且，當孩子有情緒時，比如焦慮、傷心等，他們的注意力時間也會減少。**因此，在做作業時訓斥孩子一頓並不是明智的做法。**想要讓孩子更積極主動，並且能夠集中注意力，積極地完成作業，就要保證孩子有良好的身體和精神狀態。

不要有過多分心的物品。孩子的注意力十分容易就分散到周圍的事物上，比如桌上一個可愛的小擺件、身邊大人說話的聲音、或者電視中播放的音樂等。周圍的環境越是有趣，孩子對作業的興趣也就越低。想要讓孩子能夠集中注意力，更積極地做好他們的作業，也必須要盡量減少周圍環境對他們的干擾。

提高孩子寫作業積極性的方法

鼓勵孩子努力的過程。

給孩子休息的時間。

關注孩子周圍的環境。

結語

● 家長小時候在做作業中經歷過的痛苦，一定不希望孩子也同樣經歷，因此，使用正確的方式讓孩子輕鬆愉快、積極完美地完成作業，是我們都應該努力去嘗試的。

為什麼孩子學東西會三分鐘熱度？

今天還興致勃勃，旨在拿下鋼琴大賽獎，明天又覺得鋼琴學起來枯燥無味想要改學小提琴，學東西三分鐘熱度，是不是很多小孩都是如此呢？老實說，很多家長在小的時候也有這種陋習，學習了電子琴、琵琶、書法等，但是到現在卻沒有一樣拿得出手的專長，也是因為不能持續好好學習的緣故。反思一下自己，孩子之所以學東西總是三分鐘熱度，可能是因為以下這些心理原因。

！人類學習的特性

心理學將學習定義為：透過長時間的某些經歷，不斷強化來改變我們的行為。雖然定義有些輕描淡寫，但是從現實操作來看，想要改變行為，是需要透過長期的練習和強化的。這種練習可以是生理上的，比如彈琴需要不斷地練習指法，讓手部肌肉學會在各個鍵盤間快速移動；也可以是心理上的，比如學習英語，需要不斷地記憶單詞和句式。而這樣的練習往往是枯燥、單調的，因為人們需要透過這種簡單重複的方式，才能形成自動化加工。形成自動化加工以後，完成某項任務就不再需要佔用過多的心理認知資源，可以在遇到類似狀況時，做出最快速的反應。以學習開車為例，剛剛學會開車的新手司機，需要全神貫注地駕駛，在遇到突發狀況時，還要思考片刻，甚至要詢問他人後，才能做出正確的反應。而開車很多年的老司機，不但

人類學習的天性

學習新事物
不斷重複
冗長無趣
變成自己
的東西

可以一邊開車一邊說話（我們並不鼓勵這種行為），遇到狀況及時處理，甚至還可以預判一些情況的發生。這種學習的進步都是從一天又一天簡單重複開車這項行為中得到的。**因此，並不是孩子只有三分鐘熱度，而是學習不總是那麼新鮮有趣。**

但是，我們的孩子往往抱著新鮮好奇的心態去學習一項新技能，他們並不能預想到後面的學習需要花費自己大量的精力、時間和巨大的耐心去完成。因此，當枯燥的簡單練習不能得到即時的效果時，孩子就會想要放棄，又去嘗試另一樣新鮮的東西。這時候就需要家長教會孩子什麼是耐心和毅力，這些也是孩子學習的一部分，並不是孩子天生就能夠做到堅持不懈。

沒有了獎勵的結果

我們的行為都是由動機觸發的，因為某些動機，所以我們做出某些行為。心理學把動機分為內在動機和外在動機。孩子的學習也一樣是某些動機的結果，但是不同的動機會讓孩子的學習朝著完全不一樣的方向發展。如果孩子是以自身的興趣為動機來學習，那麼在一段時間後，新鮮感消逝，而學習的瓶頸阻撓著孩子的學習進步，這時候內在動機的強大

沒有獎勵的結果

進步了有獎勵，孩子會更積極。

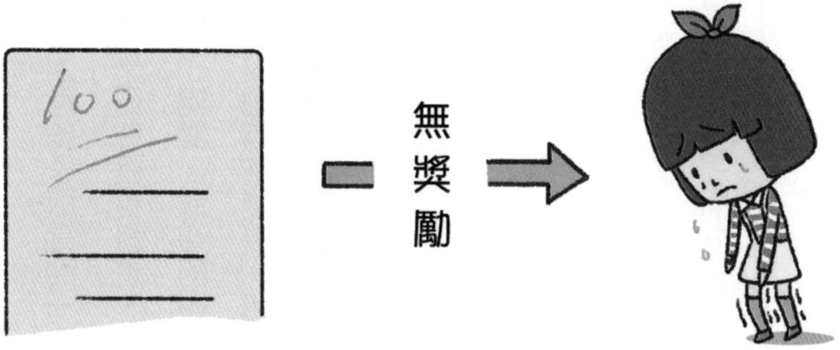

進步了沒有獎勵，孩子會越來越沒動力。

驅動力就有可能幫助孩子克服這些困難，突破難關。但是，如果孩子的學習動機出自於家長，也就是外在動機。比如，在孩子學習初期，家長總是因為孩子取得的一些小進步而給予獎勵，久而久之，孩子就會為了得到獎勵而學習。心理學研究確實發現，過多的外在動機會削弱內在動機的力量。並且，家長也不可能一直給孩子獎勵，起初的小進步，到後來也漸漸變得不那麼特別，不值得獲得獎勵。孩子能獲得的獎勵越來越少，他們自然會覺得學習沒有了動力，從而覺得不再想要繼續學習。**因此，家長要努力克制自己想要孩子學習的渴求心，讓孩子發現自己的興趣所在。**

結語

● 孩子是一個獨立的個體，我們不應該過分奢求他們長成我們想要他們成為的樣子。另外，在保持孩子真心的同時，給他們相應的幫助和指導，讓孩子了解學習中會遇到的瓶頸和困難，努力戰勝它們，這樣才能讓孩子更有效地學習。

為什麼對孩子的興趣學習不能過分干擾？

電視劇中，高中生小主人公因為喜歡寫作，在網路上寫小說，而耽誤了自己的學習和休息。父母大發雷霆，禁止孩子再進行這項課餘活動，孩子因為懊惱而頂撞家長甚至離家出走。

其實，這種場景並不僅僅在電視中出現，我們身邊也不乏有這樣的例子。因為課業，有多少孩子被迫放棄了自己的興趣愛好。並且，在孩子被迫放棄興趣愛好的同時，他們的一些其他特質也同樣被剝奪了，比如，他們的自信心。

！孩子需要被尊重

孩子並不是生來就懂得尊重的真諦，孩子對尊重的懂得與了解來自爸爸媽媽給予他們的尊重。只有爸爸媽媽尊重自己的孩子，孩子才能學會首先尊重自己，然後再去尊重他人。

在社會生活中尊重別人固然重要，但是，首先尊重自己卻更是必要的。孩子只有在尊重自己的前提下，才會有健康的價值觀，他們才會認為自己是有價值的人。簡而言之，這樣的孩子才會更自信地做自己，也才能更自信地做事情和進行社交活動。研究表明，不會尊重自己的孩子，會更容易出現行為問題，比如，酗酒、抽菸、男女關係混亂等。而尊重自己的孩子會成長得更健康、更成功，也會更尊重別人和為他人著想，同時他們也會更尊重家長，並且更能聽取家長的教導。

孩子需要被尊重

孩子是父母的希望，因此，每個家長都希望自己的孩子能夠成為一個更好、更成功的人。有時候家長帶孩子參加才藝班或者輔導班，更多考慮的是孩子的未來和是否有用，但孩子想要參與才藝班的動機完全來自於自己是否喜歡。**當家長用自己的評判標準干涉孩子興趣的時候，孩子就算違背心願聽從了家長的建議，他們也還是會感受到自己的興趣沒有得到尊重。**

！孩子有自己的世界

心理學研究發現，其實特別小的嬰兒也能分辨出自己的同伴，6個月以上的嬰兒就能透過微笑、觸摸和使用嬰兒語言與自己的同伴進行交流。除了爸爸媽媽和其他家庭成員之外，小寶寶也需要和自己的同伴進行社交活動，他們能透過和同伴的社交學會一些情緒處理和邏輯關係，其中有一些是同齡人才能相互了解，而我們家長無法給予的。和自己的同齡人進行交往，也能幫助孩子建立自己的個人意識和群體意識，讓孩子成為更好的自己，並能在將來更好地適應社會生活。

孩子有自己的世界

有自己的興趣愛好

有自己的社交圈

我們成年人交朋友的很大的動機是興趣相投，其實孩子也一樣。他們也會因為各自相同的興趣愛好，組成自己的朋友圈。而孩子自己的社交圈對他們的成長也是非常必要的。

能夠透過自己的興趣愛好融入到孩子自己的小團體中，對孩子來說是一件好事。被自己的同伴認可，能夠很好地幫助孩子建立自信心。如果能夠在自己的小團體中擔當一份職責，或者出一份自己的力，就能夠讓孩子更有自信和自豪感。如果家長強行干預孩子的興趣愛好，讓孩子脫離自己的小團體，挫敗孩子的自信是毋庸置疑的。並且，心理學認為，童年時期的社交關係還會影響他們成長以後的社交關係。如果說，當孩子進入青少年時期以後，家長很難再干預孩子的社交關係，那麼在孩子的童年甚至嬰幼兒時期，幫助孩子建立健康的社交關係，也是我們給孩子將來一生的一份禮物。

結語

● 因此，並不是管得越多、教得越多，孩子就會成長得越好。有很多時候，孩子需要自己的天地，需要自己的朋友，我們家長要學會適時放手，才能讓孩子更好地飛翔。

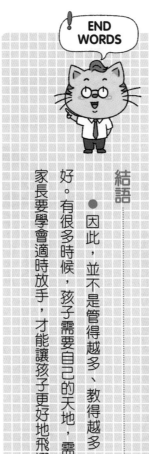

過高的勝負慾會讓孩子失去學習的樂趣？

離開校園生活許久，也不知道現在的學校是不是還會使用排名次的方式來做一個學期的期末總結。小時候每到期末考試揭曉，讓人擔驚受怕的不僅是自己的得分是多少，更是自己的排名，甚至是鄰居家的孩子考了多少分。生活在一個社會大環境下，自己難免會和別人進行比較，家長也總是對比自己的孩子和別人家的孩子。俗話說的人上人，不也是比較中得來的嗎？但是，如此迫切地想要贏，對孩子的學習並不真的有幫助。

！社會比較會打擊孩子的自尊心

社會比較（Social Comparison）是我們作為社會人的一種本能，想要在我們生活的社會中找到自己合適的定位，就需要透過和別人進行比較來實現。透過比較，我們可以知道自己的行為是否合適和規範，在一定程度上，也可以知道自己的價值和地位。社會比較也能幫助我們更好地認識自己在一個社會中的各種屬性。我們進行社會比較的主要目的是自我評價（Self-evaluation）和自我提高（Self-enhancement）。

社會比較的行為從本質上看似無可厚非，孩子可以透過和比自己優秀的孩子進行比較，學會激勵自己，讓自己更進一步。但是，如果一味追求要贏過別的孩子，要在比較中拔得頭籌，就可能會對孩子的學習造成反向效果。孩子的學習是一個長期的過程。在長達

高勝負慾的孩子

孩子的勝負慾越大，壓力也就越大。

幾年，甚至十幾年的學習中，成績一定會出現起伏，當孩子在考試中失利的時候，和比他考得更優秀的孩子比較，會大大挫傷孩子的自尊心。因為對於孩子來說，考試失利本來就會損傷自尊心，和比他優秀的人比較就是雪上加霜了，對孩子重整旗鼓是沒有幫助的。有的家長或許會認為，在孩子失利時讓孩子和比他優秀的人比較會激勵孩子。**但是，心理學認為，在孩子失利的情況下向上比較，只會讓孩子的自尊心受損，也可能會給孩子之後的學習生活帶來非常不好的影響。**

外部動機讓孩子忘記學習本身的樂趣

過高的輸贏心不但會損害孩子的自尊心，還會讓孩子忘記了學習本身帶來的樂趣。在美國有一個從讀書以來一直得全A的女學生，在全家人都以她為傲的時候，她卻向媒體透露自己生活在巨大的壓力中。為了保持住全A的記錄，她每天都在超負荷地學習，甚至已經影響到她正常的睡眠和進食等日常生活，她不再能體會到得A帶來得自豪感，卻只感受到害怕得不到A的巨大壓力。這顯然是一個極端的例子，但是過高的勝負心，讓孩子感到壓力重重是一種必然的心理現象。並且，讓孩子感到壓力的並不是學習本身，也不是孩子無法學會某些知識，而是所獲得的名次和成績。名次和成績是學習的一種副產品，應該是幫助孩子衡量學習的成果，而不應該鳩佔鵲巢，成了孩子學習的目的。一旦孩子將學習成績這種外部動機作為自己學習的動力，那麼孩子就會越來越無法體會到學習知識本身帶來的滿足感。

結語

●或許在我們成年人的競爭中有很多時候以結果勝敗論輸贏，又或許我們的經濟收入都與之息息相關。但是，在孩子的學習中，他們最應該學會的是學習知識的能力和興趣。只有學會了這些，孩子才能在將來的學習中永恆地保持動力，做到終身學習及進步。想要孩子做到這些，家長首先要放棄的就是自己的功利心。

07 電子學習工具真的有助於孩子的學習嗎？

隨著電子科技的日益發展，現在我們的日常生活已經完全無法脫離電子產品。網路上也有戲言說馬斯洛需求理論中，人們現在的底層需求是對Wi-Fi無線網路的需求。馬斯洛需求理論認為，人們最底層的需求是生理需求，也就是吃飽、穿暖。馬斯洛需求理論還認為，只有當下一層需求被滿足時，人們才會追求上一層的需求。雖然將Wi-Fi需求說成是人們的底層需求是一種玩笑和誇張的說法，可是也足以顯示，現在人們對網路和電子產品的依賴早已不只是輔助人們的生活而已。

現在的孩子二、三歲就能熟練地操作手機，平板電腦，他們或是會玩各種遊戲，或是看動畫和各種節目。我們當年學習時用到的電子辭典也早已升級換代到各種學習的APP用戶端和網站等。無論是當年還是現今，這些電子學習工具到底有沒有幫助到孩子的學習呢？

電子產品對於小寶寶的影響

在小寶寶的眼裡，這個世界簡單分成二種，對他的行為有回應的和對他的行為沒有回應的。而小寶寶學習的來源只是對他的行為有回應的那一部分。因此，每當爸爸媽媽對小寶寶的一個動作有所反應時，小寶寶總是能從中學到東西，也慢慢建立對世界的認識。而對寶寶行為沒有回應的東西對他的學習是無用的。比如，動畫片，就算是有教育意義的動畫片，說的唱的都是一些有用的道理，但是這種單一輸出的方式並不能讓寶寶學習到太多東西。**相反，這種高強度的聲光刺激還會對寶寶產生不利的影響，研究表明，過早接觸電視、電腦的孩子更容易出現專注力失調及過度活躍症（ADHD）和社交障礙等問題。**因此，美國兒科醫生建議，2歲以下的孩子應該避免接觸一切電視、電腦等電子產品。因為，電子產品對寶寶的傷害不僅僅是視力而已。

！電子產品對於孩子學習的影響

然而，對於在學習的學生來說，電子產品也在損害著他們的注意力。心理學研究表明，電子產品讓我們注意時長變得越來越短。當孩子在使用電子產品的時候，看起來他們特別專注，但其實他們的注意力在同一個頁面上，或者多個頁面上不斷跳動著。而當他們需要靜下心來認真聽一堂課，或者看一本書的時候，他們卻很難將注意力集中起來，因為他們已經習慣了瀏覽電子產品頁面內容的注意力方式。心理學家將這種注意力方式叫作超聚焦（Hyper Focus），這種注意力的方式讓孩子將注意力特別集中在某一個狹小的物體上，而完全忽略了周圍的其他物品。但是，在學習中，孩子需要的是有意聚焦（Intentional Focus）的注意力方式。擁有

超聚焦與有意聚焦

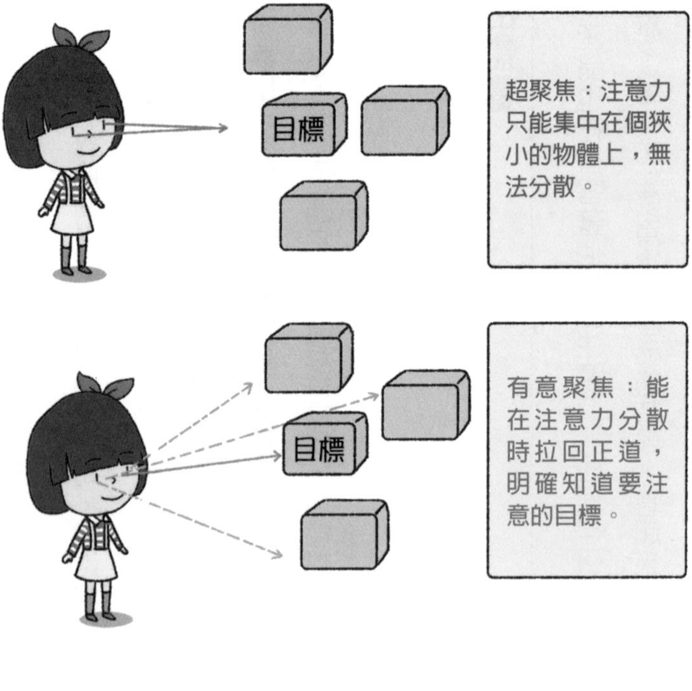
目標
超聚焦：注意力只能集中在個狹小的物體上，無法分散。
目標
有意聚焦：能在注意力分散時拉回正道，明確知道要注意的目標。

這種注意力的孩子，清楚地知道自己需要注意的目標，並且能在注意力分散時將自己的注意力拉回正道上。遺憾的是，長時間地使用電子產品，會讓孩子漸漸失去有意聚焦的注意力方式。而各種身體力行的活動卻對有意聚焦的訓練是十分有利的。

結語

● 電子學習產品也許有它們的優勢，比如，快速搜索各類訊息，遠端學習一些知識。但是，對於培養孩子學習能力和方式並沒有太多優勢。想要孩子好好學習課堂知識，還是傳統的言傳身教更加有效。

鮮豔的顏色更容易讓孩子的注意力集中？

繽紛的顏色無論源於自然，還是源於人工，都對我們有著很大的影響。顏色是一種電磁能量（Electro Magnetic），因為不同的波長，可以影響我們的生理，比如，於我們的皮膚、器官，甚至大腦。同時，顏色也影響著我們的心理，比如我們的情緒、行為以及我們的注意力。並且，顏色對孩子的影響遠比我們想像的要大得多。

！色彩對人類有天然的吸引力

在人類的大腦中，對顏色的資訊處理有自己的區域，視覺關聯皮層（Visual Association Cortex）處理顏色的區域也同時識別動作、形狀等等。在我們看到物體的時候，這些資訊都會被優先處理。從人類的進化來看，識別顏色是我們的一種生存需求。不論是動物還是植物，都有著自己的顏色，在一定程度上以此來區分各種不同的種類。同樣是蘑菇，大家一定都知道鮮豔顏色的有毒，而平淡顏色的無毒。因此，優先識別物體的顏色，也直接影響到人類在自然界是否能躲避危險，生存下去。

在現代的生活中，也有很多的設計根據了人們對顏色的識別能力。比如，在紅綠燈的設計中，紅燈表示停止，那是因為紅色能快速抓住人們的注意力，能夠最快速地產生警示作用。

顏色影響孩子的各個方面

因為顏色在我們的進化過程中如此重要，所以顏色對大腦的刺激也是可想而知的。我們接收資訊是透過視覺、聽覺、觸覺、嗅覺和味覺這些感官功能，其中視覺、聽覺是我們平時使用最頻繁的，也是接收資訊進行學習的通道，而顏色在視覺中又是非常重要的一部分。有研究表明，我們在看一種物品的時候，大腦最先接收到的資訊就是顏色。**孩子的大腦對各種顏色的反應也特別強烈，運用各種顏色能夠迅速吸引孩子的注意力，幫助孩子更好地學習和記憶。**心理學家透過實驗發現，使用色彩組合的演講能更好地促進學生的注意力和記憶力的提升。但他們同時也指出，顏色的組合方式對注意力和記憶力的影響不可小覷，暖色調的組合，如黃、紅、橙就更能吸引人們的注意力，而冷色調的組合，如棕、灰對集中注意力的作用就要小得多。同時，高對比的顏色組合也能更好地吸引孩子的注意力。

其實，顏色對孩子的幫助還有很多。研究表明，人們識別彩色物體比識別黑白物體要更快，並且，彩色還能幫助提高我們的記憶力。但是，前提是這裡的

顏色的作用

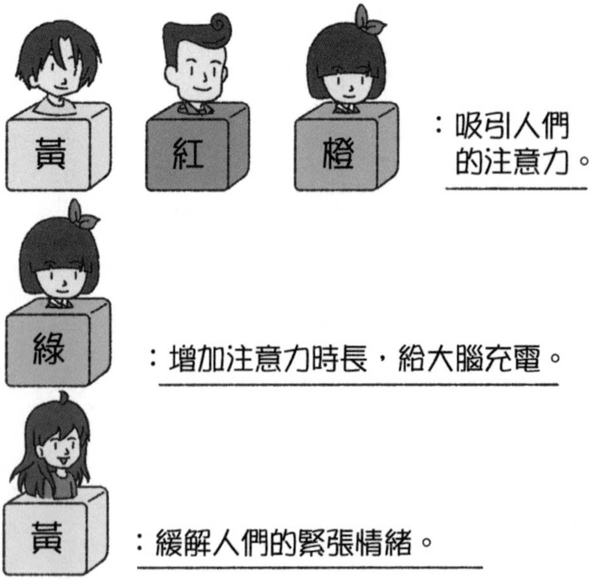
黃
紅
橙
：吸引人們的注意力。
綠
：增加注意力時長，給大腦充電。
黃
：緩解人們的緊張情緒。

彩色需要與大自然的顏色相對應的真實彩色，比如綠色的樹葉、紅色的花。從人類的進化來看，這也是我們生存的需要，記憶大自然中的各種色彩，有助於人類在大自然中熟悉環境，尋找路線等。

不僅僅是鮮艷的顏色對我們的大腦有強烈的刺激，不同的顏色也有它們各自的功效。比如，有研究發現，學生在注視綠色背景以後，他們的注意力時長有明顯地增加。心理學家認為綠色有能夠讓我們的大腦充電的功能。再比如，黃色能夠緩解人們的緊張情緒等等。

第7章

幫媽媽解決
關於第二個孩子的顧慮

第一次當媽媽時，總是會慌亂地查閱各種育兒大典，
而當我們有了第二個孩子之後，心裡想著這回應該
會輕鬆一點了，但是現實卻告訴我們並沒有那麼簡單。

生小寶也要問大寶的意見

第二個寶寶來臨時，對於爸媽來說需要很長的心理適應期，而家中的那個大寶，面對一個突然降臨的小嬰兒，也需要重新適應。

表示對大寶的尊重

孩子是家中的一位成員，即使還是個不能有著完善的邏輯思維，或者處事能力的小朋友，他們也一樣需要家長的認同，一樣希望自己在家中是一個有影響力的人。

在家裡即將要增加一名新成員時，爸爸媽媽詢問大寶的意見，是給他以認同感的最佳機會。孩子需要被認同，也需要被尊重。雖然，孩子的意見無法完全左右父母的決定，但是讓孩子參與到家庭大事件的決策中，給予孩子極大的認同感，會讓他們覺得自己在這個家庭中很重要。得到家長的認同對孩子有著尤其重要的作用。**比**

起同伴的認同，幼兒園老師的認同，作為孩子最依賴、最親密的家長給予的認同，更能讓他們有健康的自我認同感和自我意識。這是孩子發展自尊心和能夠正確地自我定位，以及衡量自我價值的起點，對他們將來的生活有著重要的意義。同樣地，家長尊重孩子的行為也能讓孩子們學會尊重自己。心理學認為只有尊重自己的孩子，他們才會在以後尊重他人，也才會擁有更健康的社會關係。

讓大寶做好各種心理調節

我想每個家長都會問自己的大寶：「媽媽給你生一個妹妹或弟弟好嗎？」這個詢問大寶的過程，重要的不是得到孩子的許可，而是在這個過程中讓孩子做好迎接新成員的心理準備。對於家庭結構的變化，爸爸媽媽不僅需要自己做好心理調適，而其實，最需要做好心理準備的是家中的孩子。相比家長，孩子做心理準備的過程需要得到家長的各種協助。

如果家中有一個喜歡小嬰兒的大寶，那麼你是幸運的。但是，如果大寶拒絕要一個弟弟或者妹妹，我們也並不需要驚訝和責備，因為這是孩子對於一個新情況的正常反應。

家長首先要調整好自己的心態，認可孩子這種不想接受弟弟或妹妹的心理，我們要知道這並不是孩子自私的表現。因為，其實家長也並不知道當家庭成員擴大到四個人以後，整個家庭狀況會有怎麼樣的改變，那麼對於孩子來說，將來更是一團迷霧。因此，孩子在此時對於這種未知的新狀況表示拒絕，並不是孩子在討厭將要到來的弟弟或者妹妹，而是他們希望保持現狀的一種心理狀態。

媽媽可以在懷胎十月的這段

大寶的自我認同感

讓孩子參與到家庭大事件的決策中，給了孩子很大的認同感。

時間盡情享受和大寶單獨相處的最後時光，同時也可以讓大寶用這幾個月的時間來慢慢接受這個將要到來的新生命。媽媽應該盡可能和大寶分享肚中寶寶成長的每一個瞬間，當大寶對這個小寶寶有了越來越多的認識，他也會對這個弟弟或妹妹有了更多的喜愛之情。喜歡自己熟悉的東西，這是我們人類的一種正常的心理。**因此，如果害怕大寶會拒絕父母要一個小寶，那麼對孩子有所隱瞞並不是明智的做法，相反，越早讓大寶知道家中即將到來的變化，大寶會適應得越好。**

結語

● 「第二個孩子」的到來，並不簡單地只是多一個人吃飯，多一雙碗筷而已。新家庭結構的心理建設需要家長和大寶共同努力，慶幸的是我們都有九個多月的時間去慢慢學習和適應一個新的「二寶」時代。

02 有了弟弟妹妹 媽媽就不會再愛我了？

教育分為家庭教育、學校教育和環境教育三個部分。我們都知道家庭教育十分重要，那麼環境教育也是一樣。小時候背過三字經的我們應該都知道孟母三遷的故事，孟母大費周章的搬遷為的就是給孩子一個好的環境教育。「有了弟弟妹妹，媽媽就會不再愛我了。」這種話一開始可能並不是來源於孩子的口中，有不少喜歡逗孩子的親戚朋友可能也會對孩子說出這樣的話。一句大人的無心之語，在孩子的理解中就是一種事實。特別是對於3歲左右的孩子，他們並不知道戲言和事實的區別，也十分信任大人說的每一句話。家長如果不想讓孩子有這樣的想法，首先要注意的是身邊人的言語和自己的措辭。

！給予孩子足夠的愛

每一個家長都是愛孩子的，但是各個家長愛孩子的方式可能不盡相同，那麼孩子感受到的愛也就有著他們自己的理解。**我們家長可以做的不是等到二寶降臨以後，和大寶不斷地解釋爸爸媽媽依然**

愛他的事實，而是需要從大寶降臨的那一天起就開始毫無保留地愛他。

心理學依戀理論認為，孩子需要和家長保持健康的依戀關係，這種依戀關係來自孩子出生以後與家長相處的每一個瞬間，可以是孩子剛出生以後爸爸媽媽對孩子的愛撫，也可以是孩子在成長過程中爸爸媽媽和孩子的交流與互動，還可以是孩子在出現分離焦慮時爸爸媽媽給予孩子的足夠的愛和信任。因此，建立健康、強烈

給孩子足夠的愛

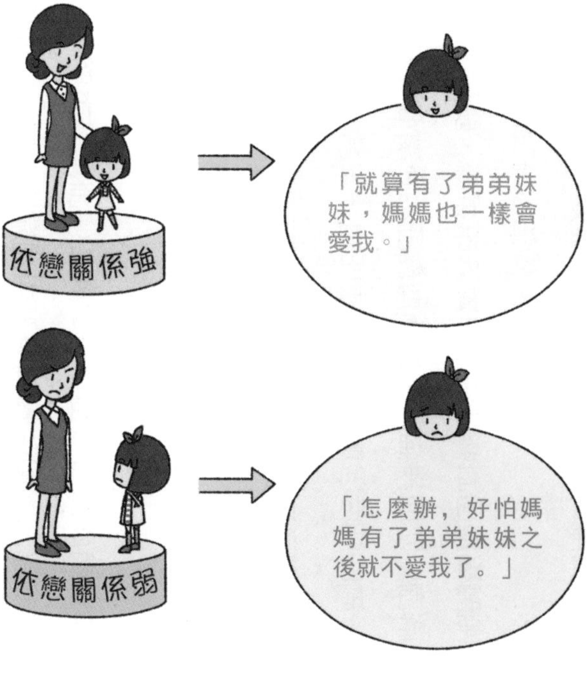
依戀關係強
「就算有了弟弟妹妹，媽媽也一樣會愛我。」
依戀關係弱
「怎麼辦，好怕媽媽有了弟弟妹妹之後就不愛我了。」

的依戀關係是媽媽和爸爸一直的努力。而當家中有了新成員，大寶不得不過更獨立的生活時，依戀關係強烈的孩子才能夠更好地適應那樣的生活。心理學認為依戀關係強烈的孩子，在內心深處知道爸爸媽媽會一直愛自己，即使媽媽現在需要餵養小寶寶而短暫地離開自己也沒有關係。而依戀關係弱的孩子卻在媽媽有了小寶寶而疏忽了自己時感到格外的焦慮。

如何應對孩子的嫉妒心理

當然，沒有完美的家長，也沒有完美的小孩。如果大寶出現了嫉妒二寶的心理也是人之常情。人類對於資源有著天生的佔有慾望，想要擁有和囤積資源這一心理來自於我們進化中需要生存下來的巨大動機。因此，當二寶降臨，意味著大寶本來獨自享有的資源需要被分享，大寶因此對二寶表現出一些嫉妒情緒也是正常的現象。

這種嫉妒情緒可以是大寶認為自己不可共享的資源被弟弟妹妹佔據時的攻擊性情緒，也可以是當大寶感覺新出生的嬰兒佔有了自己應有的地位時而出現的負面情緒。無論是哪

如何面對大寶的嫉妒情緒

幫大寶接受自己的情緒。

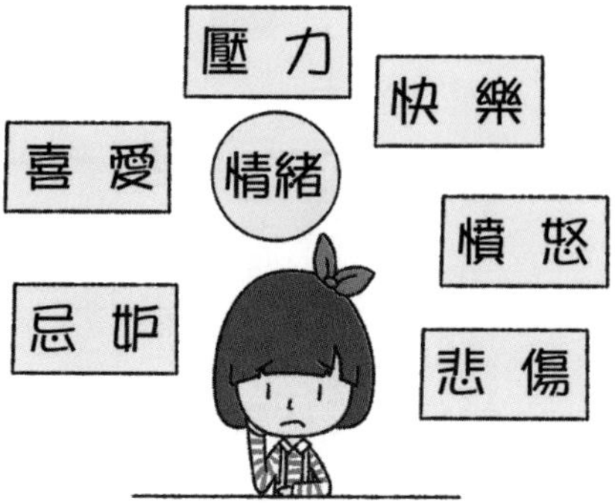

幫大寶認同自己的情緒。

爸爸媽媽也要做到資源分配平等。

種情況的嫉妒情緒，都是在家中出現一個新成員時，孩子會表現出的正常心理。嫉妒情緒是一種心理現象，無可厚非，但是因為嫉妒而做出一些傷害性的行為，就需要我們家長關注了。如果家長因為家中出現的新成員而忽視大寶情緒上的變化，那麼大寶就很有可能會認為這是爸爸媽媽不再愛自己的表現，或者認為這是弟弟妹妹的錯。**因此，當家長觀察到孩子出現嫉妒情緒的時候，首先要幫助孩子接受和認同自己出現的負面情緒，並且幫助孩子使用正確的方式去處理。**比如，不要將大寶所有的資源都分享給二寶，或者可以嘗試將資源平分，避免大寶產生太多的失落感，從而減少嫉妒心理的出現。

結語

●雖然說，家長很難在兩個孩子之間做到完全平等對待。但是，我們可以給予孩子足夠的關注，讓孩子覺得我們一直愛他們。這並不一定需要過多地投入物質資源，而只需要爸爸媽媽隨時的關懷和情緒的安慰，這是每個父母都可以透過自己的努力達到的。

小寶出生後要對大寶更關心

在美國，有不少家庭當新生兒出生時，爸爸媽媽會送給大寶一件大禮物，並告訴他，這是小寶送給你的禮物哦。雖然這是一個容易實現的小舉動，卻足以看出爸爸媽媽對大寶的心思。當家中多了一個新成員時，家長更需要關注我們的大寶寶，以及特別關心大寶的心理變化。

改變給孩子帶來壓力

我們的世界充斥了變化，但是人類卻喜歡恆定的狀態，改變往往讓我們感到壓力倍增。我們孩子的生活總是會出現這樣那樣的改變，比如，換學校、搬家、失去家庭成員或者增加家庭成員等等。無論這種改變是好是壞，以及帶來的結果怎樣，都會給孩子造成壓力，而這種壓力來自於改變本身。

每當一種新的情況或者環境出現在我們的面前，都需要我們的

給孩子帶來壓力的四個改變

換學校

搬家

失去親人

增加家庭成員

大腦使用大量的認知資源去處理這些新的訊息，這也就是變化給我們的大腦帶來的「麻煩」。因此，我們的大腦偏愛熟悉的環境、熟悉的人，這樣，我們才可以泰然自若地輕鬆對待周圍的事物，這其實也是人類的天性。當家中突然出現一個新的成員，爸爸媽媽變得異常忙碌，不能像往常一樣照顧自己，甚至自己的空間，自己的東西都要被這個新成員共用。這種新的變化讓大寶措手不及，對於這個心智還沒有發展完善的孩子，這種新的變化可以帶來很大的挑戰和焦慮情緒。而家長如果沒有及時觀察到孩子情緒上的變化，就會給孩子之後的生活帶來很大的困擾，甚至會影響二個孩子之間的相處。

家長應該怎樣幫助孩子

首先，雖然我們對變化十分抗拒，但是心理學認為對於變化，孩子會處理的比成年人好得多。越是年紀大的人，越是難以學習一種新的知識或者適應新的環境。因為他們的大腦有太多的刻板印象和行動範式，而這些刻板印象來自生活中經驗的積累。在日常的生活中，刻板印象可以給生活帶來很多便利，但是，也有造成學習限制的副作用。孩子的大腦還在不斷地發展之中，他們對生活沒有過多的預期，這就是他們對於新的變化適應得更好的原因。**因此，只要我們家長可以幫助孩子處理好情緒的變化並給予孩子相應的幫助，他們一定能夠適應好小弟弟、小妹妹的到來。**

其次，我們可以提前給孩子建立新的生活習慣，保證孩子不會在小寶寶到來的時候因為過多的變化感到焦慮。比如，在媽媽懷孕的時候，就可以幫助孩子慢慢建立自己吃飯的習慣，或者幫助孩子縮短每天晚上的入睡流程，減少玩耍或者講故事的時間，也可以改由家中的其他成員來陪大寶入睡。這樣，當小寶寶到來以後，大寶也不會感到爸爸媽媽突然沒有時間管自己，因為他們已經養成了自己的事情自己做的好習慣。

另外，我們還是需要和大寶有一些獨處的時間。當小寶寶誕生以後，媽媽需要哺乳和照顧小寶寶，對大寶更加沒有時間加以照顧。但是，媽媽還是應該抽出時間和大寶單獨相處，其實，每天十幾分鐘的單獨相處也能安撫大寶的焦慮情緒，不會讓大寶覺得媽媽因為小寶寶而疏忽了自己。媽媽可以在家中保持一些以前的生活規律，這也可以幫助大寶適應新生活的大變化。比如，每個週末還是由媽媽帶著大寶出去參加活動，或者每天由媽媽陪伴大寶刷牙洗臉等等。這些看似生活中的小動作，也不需要佔用家長過多的時間，卻對大寶的心理有諸多的幫助。

如何幫助大寶適應變化

相信孩子能很好地處理變化。

幫大寶建立新的生活習慣。

有小寶以後也要和大寶有相處的時間。

結語

●新生兒需要家長給予很多的時間和照顧，但是大寶更多需要的是家長對他們心理上的關注。因此，我們家長需要根據兩個孩子不同的需求，給予他們不同方面的關注。讓我們的大寶能夠平穩地度過這個家庭變化的時期。

誇獎大寶的時候也要誇獎小寶

家中的二個寶寶慢慢長大，大寶適應了家中有一個弟弟妹妹的事實，小寶也開始牙牙學語。當小寶慢慢長大、斷奶，成為獨立小個體以後，在家中也漸漸受到了更少的關注。調查發現，在家中，大寶總是那個得到更多關注的人。可是，家長在誇獎大寶的同時，也一定不要忽視了旁邊的小傢伙。

誇獎是正確的學習方式

人類學習的行為模式簡單來說有兩種，一種是對錯誤行為進行懲罰，可以讓我們學習到以後不能再有這種錯誤的行為；另一種是對正確的行為進行獎勵，可以讓我們學習到之後可以再做這種正確的行為。這兩種截然相反的方法雖然都可以用於學習，甚至可以達到近似的學習結果，但是學習的成效卻是不同的。研究發現，使用懲罰的方法，確實可以加快學習的效率。同樣是小白鼠走迷宮的學習路徑過程，因為走錯路受到懲罰的小白鼠，比因為走對路得到獎勵的小白鼠更快地學會走出迷宮。回想我們教育和被教育的方式，懲罰也占了更高的比例。比如，做錯題了罰抄，遲到了罰站。老師甚至還使用體罰等方式來幫助學生加深印象。**然而，這些懲罰的教育方式雖可能效果顯著，但長遠來看並不是我們在教育孩子時應該採用的最佳方法。**

因為對於有情緒的人類，懲罰達不到最好的效果。懲罰給孩子帶來的負面情緒，直接影響孩子的記憶力和學習，也讓孩子失去學習的主動性。甚至，孩子因為害怕懲罰還可能採取迂迴的措施來規避責任，比如，說謊。因此，無論是對大寶還是小寶，誇獎孩子正確的行為，都是家長應該採取的更明智的教育方式。

「第二個孩子」會進行相互比較

社會比較是我們人類作為社會人的一種天然屬性，當家中有了二個孩子的時候，他們之間更是直接建立了天然的對比關係。心理學社會比較理論認為，我們更喜歡和自己相近以及相似的人進行對比，那麼親兄弟姐妹不但在生理屬性上特別相似，他們之間物理屬性也格外接近，這種情況下的二人就會頻繁地互相比較。

當大寶因為某種行為獲得獎勵以後，沒有得到誇獎的小寶就會悵然若失。長此以往會影響小寶對自己在家庭中的定位。一個四口之家是孩子對社會關係最初的認識，與家中成員建立的各種關係和在家中對自己的定位，都會影響孩子將來走入社會以後處理各種社會關係的能力。因此，讓孩子在家庭中建立不自卑的自我定位，是幫助他們在成長以後能

誇獎二個孩子的正確方式

爸爸媽媽誇獎其中一個孩子後，也要誇獎另外一個。

夠成為一個更好的人的基礎。

每個孩子都是獨立的小個體。在「二個」孩子的家庭中，小寶可能從小就穿大寶不穿的衣服，玩大寶不玩的玩具，這是一個家庭最經濟的生活方式。但是對於同樣需要自我認同的小寶，他們也有自己的喜惡。**因此，當父母在誇獎小寶時，也應該避免對他們附和地說出「你也很好」、「你也很棒」之類的話，而是針對小寶的特性，做出獨特且適合小寶的誇獎。**

結語

●雖然出自同一對父母，但是，二個孩子可能會有著截然不同的個性。認識自己的孩子，了解自己孩子的個性特徵，才能幫助父母在日常生活中，針對孩子因材施教。給予孩子想要的誇獎，有時比給予孩子想要的玩具有更好的成效。

二個孩子間為何頻繁發生衝突？

隨著孩子們漸漸長大，家庭需要面對的一個大問題就是二個孩子的衝突和爭端。無論是一定會打架的兄弟二個，還是一定會爭辯的姐妹二個，又或者是看起來應該和平相處的姐弟或兄妹，生活在一個屋簷之下的二個年齡相差不是很大的孩子們，總有一天會進入打打鬧鬧的階段。為什麼有些本是同根生的親兄弟姐妹就不能相親相愛地和平共處呢？

因為家長的原因

每個孩子都希望得到家長的關注和青睞。

孩子們也是透過家長給予的關注，來定位自己和衡量自己的價值。可是，孩子們並不完全了解哪種才是獲得家長關注的正確途徑。

我們在這裡打個比方，如果某天孩子從學校裡拿回一樣勞作，正想和爸爸媽媽表達的時候。爸爸媽媽卻把注意力集中在把零食撒了一地的弟弟身上。

那麼孩子可能就會認為闖禍才是吸引父母關注的捷徑，下一次，孩子或許就會透過搗亂、和弟弟打架之類的不好的行為來試圖獲取家長的注意力。

其實，當孩子出現爭端時，我們家長可以不要過早地介入其中。孩子有他們自己的邏輯和處事方式，同樣地，他們也有自己解決問題的方法和能力。

當一個孩子因為一些小事出現爭論時，如果我們家長過早地介入其中，還透過大人的思維揣測孩子們的用意和訴求，就可能會把孩子們之間的一場小爭論升級成大爭鬥。

有時候在我們看來孩子處理問題的方式可能不那麼合乎邏輯和道理，也可能他們處理後的結果在我們看來有些好笑甚至離奇，但是，只要孩子們能夠達成共識，這個問題就等同於和平解決了。為什麼要用成人世界的規則給孩子的純真世界加上框架呢？

爭奪資源。說起爭奪資源這種人類本性的問題，當一個孩子發現彼此的資源不對等時，他們就很有可能去爭奪一些他們想要的資源。甚至，當一個孩子資源對等的時候，他們也會去爭奪對方的資源，畢竟月亮還是國外的圓。

和成年人不同的是，孩子眼中的資源可能並不完全是物質資源，玩具或食物可以是孩子爭奪的資源，家長的寵愛和關注也可以是孩子力爭的資源。比如，家長有時一個不經意的牽手或者擁抱，也要注意平均分配給兩個孩子，不然也可能會引起他們之間的一場爭鬥。

當然，孩子們相互爭鬥的原因還有很多，甚至家長長期的焦慮情緒也會導致孩子之間的相互爭鬥。**因此，有二個孩子的家庭，父母不是不可以鬆一口氣，而是需要更加注意自己的言行，以及自己的情緒。**

因為孩子自己的原因

孩子的自我意識。孩子們在成長的過程中都急切地希望證明自己是一個獨立的小個體，獨立於他們的父母，更是要獨立於他們的兄弟姐妹。孩子會表達各自的喜好和厭惡，甚至會透過特立獨行的方式來證明自己是與他人不同的。我們在書中前幾章也討論過孩子會透過和媽媽頂嘴的方式來證明自己的獨特見解，因此，和兄弟姐妹爭論也是孩子用來表達自己獨立性的一種方式。

相互比較。孩子之間會相互比較是來自於人類喜歡進行社會比較的天性。即使有時候孩子之間相互比較的根源是自我衡量和自我提高，比較的結果也或許會朝著不盡如人意的方向發展。有時他們相互比較的根源也可能是我們家長，如果家長總是把兩個孩子作對比，批評某個孩子沒有做得像另一個孩子那麼優秀，甚至給孩子們標上標籤。比如，哥哥聰明，功課好；弟弟調皮，

二個孩子頻發衝突的原因

功課差。這樣的分類更容易讓孩子們分化開來，也讓他們更傾向於相互爭鬥。

年齡的差異。家長和孩子的年齡差異讓我們和他們之間存在著代溝，而孩子們之間的年齡差異也會讓他們之間存在著一定的溝通障礙。特別是當兩個孩子還都處於兒童或者幼兒，甚至嬰兒的時期，兩個人的意識水平都沒發展完全，要理解對方的想法和行為對他們來說更是難上加難。他們很難理解自己兄弟姐妹的想法，也不了解他們的意識水平能夠達到怎樣的狀態。因此，信息的不對等也可能會造成他們之間的衝突。

結語

● 孩子之間的頻繁衝突有著各種各樣的原因，讓我們家長防不勝防，想要避免衝突也是很難實現的事。因此，了解衝突爭端的起源，從父母自身開始尋找原因加以改正，再著手給予孩子們相應的幫助，甚至有時候不幫助，或許也能夠達到更佳的效果。

有了弟弟妹妹之後會讓大寶更早進入叛逆期？

家中有了弟弟妹妹，爸爸媽媽甚至外公外婆爺爺奶奶都變得更加忙碌。但事實上最需要適應的卻是那一個懵懂無知的小孩，也就是家中的大寶。對於本來就還在學習和適應怎樣更好地去生活的大寶，突然多了一個弟弟或妹妹，使得他們不得不學習新的規則來生活。我們都說孩子其實就是一張白紙，家長畫上什麼顏色，紙上就會呈現出什麼樣的色彩。因此，孩子有了弟弟妹妹後是會突然變得很叛逆，還會突然變得很乖巧，也取決於我們家長的做法。

！大寶對於弟弟妹妹的複雜情感

從人類的天性來看，其實我們都是偏愛和自己相似的人，無論是從外貌上還是從性格上來看，越相似越有可能走得近。從進化論來看，和同類在一起可以提高生存的可能性，我們的生存安全和資源也會得到同類的保護。小孩子也一樣保持著這種天性，他們在嬰兒時期就能辨別出自己的同類，更喜歡接近和自己年齡相仿的小孩子，與他們一起玩耍。

可是，當資源有限的時候，人類又會和同類相互競爭，為自己爭奪更多的資源。從而出現競爭關係和嫉妒等情緒。小孩子對自己的弟弟妹妹也是存在著這種又愛又「恨」的複雜情緒。**一方面他們很高興家中有了和自己年齡相仿的小朋友，兩人可以一起玩耍。另一方面，他們也會害怕爸爸媽媽會因為弟弟妹妹而忽視了自己。**

情感關愛與孩子的安全感

注意和大寶說話的方式。

不要給大寶過多的限制。

因此，大寶們是會更愛弟弟妹妹，還是會變得叛逆，是由爸爸媽媽的態度和教育方式決定的。

爸爸媽媽的態度

語言的藝術。在成人的世界裡，語言是一種藝術，和孩子交流，語言更是有著非常重要的意義。特別對於學齡前兒童，他們對成人世界的語言不甚瞭解，成年人的弦外之音，或者逗笑打趣都是孩子無法理解的語言方式。比如，當親戚朋友說：「你的爸爸媽媽有了弟弟妹妹就不要你了哦。」諸如此類，在孩子的解讀中，他們只能得到話語字面上所表達的意思。因此，不要拐彎抹角地和孩子說話，才是和孩子溝通的最好方式。當家中多了弟弟妹妹後，我們更要注意自己和大寶說話的方式，讓他們不會覺得爸爸媽媽因為有了弟弟妹妹就不再愛自己。這樣，孩子也不用再透過叛逆的方式來贏取爸爸媽媽的關注，或者來宣洩自己的不滿情緒。同樣，也不要因為小寶寶的出生，就給大寶的生活過多的限制，讓家成為一個處處是禁區的地方。如果大寶走到哪裡都是「不」的聲音，也會將孩子推向叛逆的道路。

弟弟妹妹出生後，年紀還較小的大寶會出現一些行為的倒退，比如在地上爬，想要再吃奶瓶。年紀較大的大寶也可能會出現更孤立，更加叛逆的行為。這些行為都是他們在極力爭取爸爸媽媽的關注。**因此，在照顧小寶寶的忙碌的日程中，不要忘記每天和大寶的相處時間，耐心傾聽大寶情緒上的變化，都可以幫助大寶更好地適應一個家庭新成員的加入。**讓他們知道爸爸媽媽十分關心他們，他們並不需要用一些極端地方式來向爸爸媽媽證明自己。

結語

● 如果我們不希望大寶變得叛逆和難以管教，家長就一定不能因為有了小寶就忽視了大寶的感受，認為那麼大的孩子怎麼還這樣那樣。比起一個新生兒，大寶確實已經是那麼大的孩子。但是，他們也依然是一個需要家長關注和關心的小朋友。

和弟弟妹妹一起成長會讓大寶更有責任感？

自從家中多了一個小成員，原來的那個小寶寶彷彿一夜長大了，變得十分乖巧。他們會和弟弟妹妹玩耍，有時還會幫忙餵奶、換尿布。對於他們來說，這個身體比自己更小，不會說話，卻會哇哇亂叫的小娃娃是一個新奇的大玩具。同時，也讓他們覺得自己不再是家中最小的寶寶，自己也可以承擔起家中的事務，可以幫助爸爸媽媽減少家中的負擔。

！大寶給自己賦予責任感

大寶是家中的第一個孩子，他們有更多的時間和家長單獨相處，也同時和家長有著更親密的關係。相比小寶，大寶的價值觀和人生觀會更多地受到父母的影響。無論家中之後會有多少個孩子，大寶總是有著自己獨特的地位。不僅因為他們獨享了爸爸媽媽的很多愛，也讓二個大人因為他們的出生第一次為人父母。那種每天都在摸索，學習和磨練的體驗對爸爸媽媽和孩子都是一種獨特的經歷。有不少研究調查發現，第一個出生的孩子更有自信和擔當，歷史上不少有成就的人士都是家中的長子。也有心理學研究發現，家中的第一個孩子更容易成為完美主義者（Perfectionists）。因為他們在學習時，參考的對象是爸爸媽媽，直接從成年人身上學習，必然會學到更接近成人的行為方式。這樣的大寶也會更加努力做好一個哥哥或姐姐，盡他們所能幫助家裡的大人一起照顧好弟弟或妹妹。

賦予大寶責任感

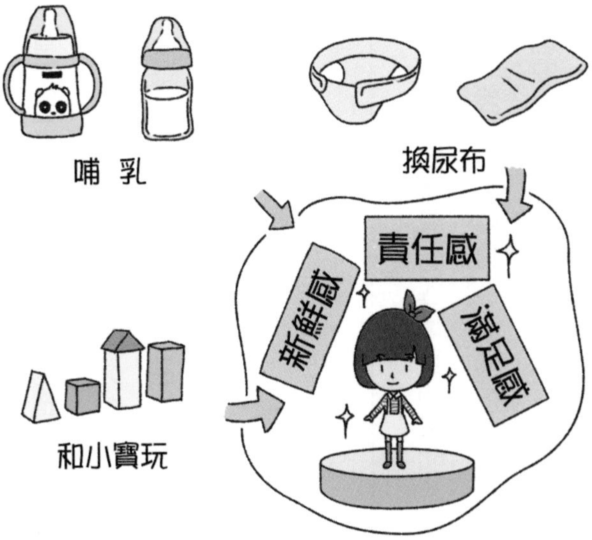

大寶喜歡模仿家長的行為，因為模仿家長的行為讓他們充滿自信。**模仿家長的行為，讓孩子覺得自己向著獨立的個體更近了一步，對家庭事務的參與也同樣讓孩子更有自信。**有時，我們甚至能看到孩子會學著家長的口氣教育弟弟或妹妹，從中他們也體會了做一個有控制感的大人的感覺。教育和指揮小寶，讓大寶感受到了自己的權力和地位都在提升，大大提升了他們的自尊和自信。因此，各種良好的感覺促使大寶更願意照顧自己的弟弟妹妹。

家長賦予大寶責任感

無論是家長想讓孩子參與到照顧小寶的事務中，還是家長真的需要大寶的幫助。當小寶出生以後，家長總是會時不時地需要孩子的幫忙。我們也會發現，大寶總是十分樂意地幫助一起照顧小寶。因為，餵奶、換尿布和小寶玩耍，這些任務不僅讓大寶有新鮮感，也同時讓他們覺得十分有滿足感。家長給大寶分配的任務，有時雖小，卻能讓大寶覺得自己可以負責完成一樣任務，從而變得更有責任感。

雖然他們有時候會很樂意地幫忙餵奶或者換尿布，但是家長並不能因為大寶可以照顧小寶，就把過多照顧的重任交到孩子手中。畢竟照顧小寶寶並不是孩子的責任和義務。特別是當大寶並沒有把小寶照顧好的時候，因而受到爸爸媽媽的責備，這樣會讓大寶感覺到很大的壓力。

結語

● 心理學認為，孩子的出生順序並不天然地改變孩子的屬性，不同出生順序的孩子出現的一些固定式的特徵，更多地來自家長不同的對待方式。小寶的到來，是否會讓大寶變成一個更有責任感的人，這都取決於家長平時是怎樣做的。

08 從假想敵變成小跟班

二個小娃經歷了羨慕嫉妒恨、相愛相殺的磨合階段，總算到了和平共處期。哥哥姐姐開始帶著小寶四處玩耍，小弟弟、小妹妹也開始正式成為了大寶的小跟班。他們不僅跟隨著哥哥姐姐的腳步到處去玩耍，也會模仿哥哥姐姐說話的方式和動作。除了爸爸媽媽，哥哥姐姐就是小寶最愛的人，日久天長，哥哥姐姐的地位甚至會超越爸爸媽媽，成為小寶最親近且相處時間最長的夥伴。

！親兄弟姐妹們之間的關係十分重要

親兄弟姐妹們之間有著無人能夠替代的親密關係，這點無可厚非。他們年齡相近，一起成長，一起生活，甚至在同一所學校學習，分享著生活的方方面面。相比爸爸媽媽，小寶和大寶相處的時間更多，他們之間的關係甚至有些父母都無法超越。許多研究也發現，手足之情十分重要，在他們的親密相處中，互相支持著對方的情緒、心理和社交活動，手足之間的關係甚至對他們將來的生活幸福感都有著十分重要的意義。哈佛大學的心理學研究發現，20歲之前的手足關係可以預測他們成年後的憂鬱情緒狀況，關係差的兄弟姐妹，患憂鬱症的比例更高。而和兄弟姐妹之間保持良好關係的時間越長，心理也會越健康。另外，在社交生活中，親兄弟姐妹之間的相互關心、相互幫助

兄弟姐妹間關係的重要性

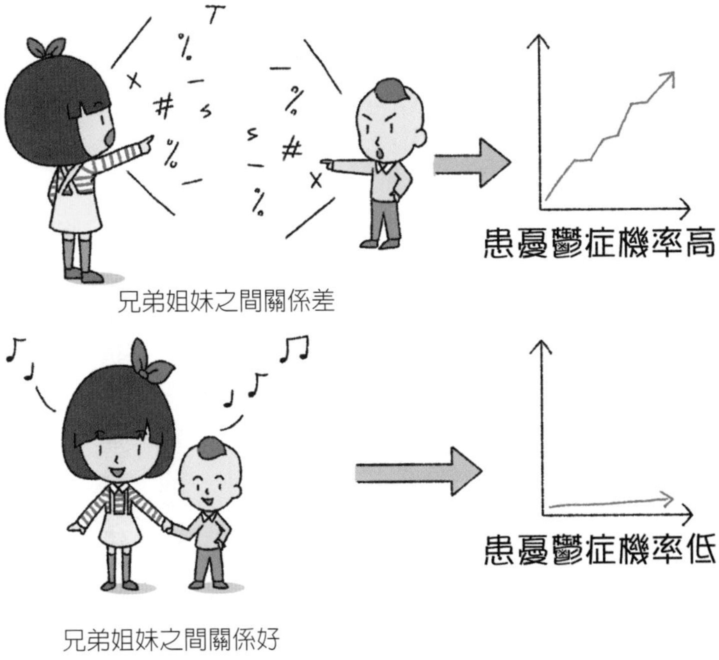
患憂鬱症機率高
兄弟姐妹之間關係差
患憂鬱症機率低
兄弟姐妹之間關係好

也有著很大的作用。研究發現，當手足之間的性別不同時，他們在成年後會更容易獲得健康的戀愛關係。

兄弟姐妹間一起成長，也相互分享著價值觀和人生觀。**他們互相支持著對方建立更好的個體認同、自我意識，他們還共享著同樣的家庭文化和傳統，這一切都是孩子們成為一個更好的個體的基礎。**心理學研究還發現，手足分開撫養對他們都有著非常不利的影響，特別是女孩，如果和兄弟姐妹分開生活，將會迫使她們長期飽受精神困擾和社會化問題。

小寶喜歡跟隨大寶行動

在小寶的眼裡，他們的哥哥姐姐就是他們的偶像。因為哥哥姐姐不僅身體上要比自己更強壯、跑得更快、長得更高，而且心智上也更成熟，知道更多的知識，還可以幫助爸爸媽媽解決問題。並且，心理學研究也確實發現，家中第一個孩子的智商通常略高於之後出生的孩子。種種因素，讓小寶成為了大寶的小跟班，他們喜歡跟隨在自己的哥哥姐姐身邊，不僅因為對哥哥姐姐的喜愛和依戀，也是因為他們希望從哥哥姐姐身上獲得到各種各樣的知識和能力。

小寶在家有時會覺得自己特別的渺小，也或者會覺得自己沒有獲得足夠的關注。因為相比於大寶，他們年齡更小，在大家的眼裡也就是一個無知可愛的小娃娃，家中的一些決定都不是他們可以參與的。爸爸媽媽有可能會和大寶商量家中的一些事務，哥哥姐姐在家中也總是能受到更多的關注，小寶卻是那個容易因為年齡小而被忽略的小傢伙。因此，成為大寶的小跟班，會讓小寶也有一種參與感。哥哥姐姐和弟弟妹妹之間總是有商有量，自己的意見得到了回應，增加了小寶的自尊心。

要有好孩子，先從好父母開始！兒童心理學——先懂孩子再懂教 /
施臻彥著 .-- 初版. -- 臺北市：八方出版 , 2019.01
面；　公分 . -- (Super kid ; 7)
ISBN 978-986-381-197-8 (平裝)

1. 育兒 2. 兒童心理學 3. 親職教育

428.8　　107023412

Super Kid 07

要有好孩子，先從好父母開始！

兒童心理學——先懂孩子再懂教

作者 / 速溶綜合研究所 施臻彥

發行人 / 林建仲
副總編輯 / 洪季楨
美術設計 / 王舒玗
國際版權室 / 本村大資、王韶瑜

出版發行 / 八方出版股份有限公司
地址 / 臺灣台北市 104 中山區長安東路二段 171 號 3 樓 3 室
電話 / (02)2777-3682　傳真 / (02)2777-3672
E-mail / bafun.books@msa.hinet.net
Facebook / https://www.facebook.com/Bafun.Doing
郵政劃撥 / 19809050　戶名 / 八方出版股份有限公司

總經銷 / 聯合發行股份有限公司
地址 / 臺灣新北市 231 新店區寶橋路 235 巷 6 弄 6 號 2 樓
電話 / (02)2917-8022　傳真 / (02)2915-6275

定價 / 新台幣 350 元
I S B N / 978-986-381-197-8
初版一刷 2019 年 01 月